꺄!

동물에 숨은 도형을 찾아서

동물에 숨은 도형을 찾아서

글 전영석·박옥길 | 그림 조은혜

(주)자음과모음

차례

누구나 한번쯤은 자꾸 풀어지는 운동화 끈 때문에 불편한 적이 있었을 것입니다. 그 때문에 붙였다 떼었다 할 때 찍찍 소리가 나는 일명 찍찍이, 벨크로가 달린 운동화를 신기도 하죠.

그런데 이 벨크로는 들이나 숲에서 볼 수 있는 도꼬마리라는 식물의 열매에서 아이디어를 얻어 만들었답니다. 스위스의 발명가 메스트랄(George do Mestral)은 강아지와 함께 산책하는 것을 좋아했는데요. 어느 날 산책을 마치고 돌아와 보니 옷과 강아지 털 여기저기에 붙어서 잘 떨어지지 않는 도꼬마리 열매를 발견했어요. 여기에 호기심을 가지고 연구해서 붙였다 떼었다 할 수 있는 벨크로를 발명했지요. 지금은 운동화, 책가방, 외투 등 생활 곳곳에 사용되지만,

벨크로가 처음 발명되었을 때에는 저렴해 보인다는 이유로 인기가 없었어요. 대신 우주선에서 이쪽저쪽 떠다니는 무수한 잡동사니를 벽에 가지런히 정리하기 위해 사용했지요. 우주인들은 벨크로를 아주 유용하게 사용했다고 합니다.

이 밖에도 상어 피부를 닮은 전신 수영복, 민들레 씨를 모방한 낙하산 등 사람들이 만들어 낸 물건의 상당수가 여러 동식물의 모습에서 아이디어를 얻어 탄생한 것이라고 하니 놀랍지 않은가요?

여러분도 자연을 유심히 관찰하고 궁금증을 가지는 습관을 들이면 예상치 못한 곳에서 숨겨진 보물을 발견할 수 있을 거예요. 자신 없다고요? 그런 건 과학자들이나 하는 것이라고요?

아닙니다! 여러분도 할 수 있어요! 망설이지 말고 한 장, 두 장 책장을 넘겨 보세요. 이 책을 읽는 사이 자신도 모르게 자연에서 보물을 발견하게 될 것입니다. 이 책의 주인공인 이란성 쌍둥이 남매, 긍후와 후은이 함께 하는 동물원에서의 보물찾기! 함께 떠날 준비가 되었나요?

전영석·박옥실

등장인물 소개

긍후

5분 먼저 태어나 오빠가 된 초등학교 4학년 소년. 어려서부터 동물원을 좋아했다. 호기심도, 아는 것도 많으나 그만큼 걱정도 많은 소심한 성격이다. 숲보다는 나무를 보는 어린이.

후은

5분 늦게 태어나 동생이 된 초등학교 4학년 소녀. 오빠를 따라 동물원을 자주 왔지만 사실은 동물원 옆에 있는 미술관을 더 좋아한다. 겁이 없고 도전적이다. 나무보다는 숲을 보는 어린이.

엄마

궁후, 후은과 늘 함께 하는 엄마. 한때 유명한 수학자였다. 수학자답게 정해진 규칙에 대해서는 한 치의 예외도 없이 철저하게 지키는 꼼꼼한 엄마.

아빠

궁후와 후은의 아빠. 눈에 넣어도 아프지 않을 아들, 딸을 위해 주말에도 쉬지 않고 일을 한다. 하지만 바쁜 와중에도 틈만 나면 궁후, 후은과 시간을 보내는 자상한 일등 아빠.

피에로

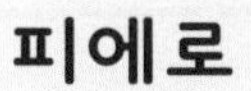

동물원에서 아이들의 사랑을 한 몸에 받는 피에로 아저씨. 풍선을 달고 다닌다. 동해 번쩍, 서해 번쩍! 마술이라도 부리듯 어느 순간 나타나기도, 사라지기도 하는 마법사 같은 존재.

삑삑 삐삑.

"너희 아직도 하고 있니? 아빠 오셨어. 얼른 인사하러 나와."

머리를 맞대고 앉아 게임 삼매경에 빠져 있던 긍후와 후은은 기계음을 뚫고 날아든 엄마의 목소리에 깜짝 놀라 거실로 나왔다.

"아빠, 안녕히 다녀오셨어요?"

"어, 그런데 아빠, 오늘 일요일 아니에요?"

"그러게 말이다. 오늘까지 마무리해야 할 일이 있어서 이번 주는 주말도 없이 계속 바빴네."

뎅, 뎅, 뎅…….

거실의 괘종시계가 힘겹게 열 번 울렸다.

"벌써 열 시네요. 식사는 하셨죠? 일주일 내내 매일 야근이니 피곤해서 어떡해요."

"에휴, 그러게. 그래도 좋은 소식이 있어. 내일……."

궁후와 후은은 엄마, 아빠의 대화를 뒤로 하고 둘을 기다리고 있는 스마트폰을 향해 돌진했다. 지난 금요일 여름방학식을 한 오누이는 오늘이 바로 일요일에만 생기는 '스마트폰 마음껏 이용하기'

쿠폰을 오랫동안 즐길 수 있는 절호의 찬스임을 잊지 않고 신나게 게임에 빠져들었다.

삐삐빅, 삑삑.

"예!"

"오빠는 몇 판까지 깬 거야?"

"쉿, 잠깐만!"

긍후는 정신없이 손가락을 움직이느라 후은에게 대답할 겨를이 없었다.

"긍후는 잘되고 있는 것 같고, 후은이는?"

"에이, 아까부터 블록이 너무 빨리 내려와서 금방 차 버려. 계속 다시 시작이야. 어, 아빠?"

"이 녀석들! 어찌나 게임에 열중하고 있는지 아빠가 들어온 줄도 모르고! 껄껄, 어디 보자. 아, ⍟테트리스를 하고 있구나?"

"아빠, 테트리스를 아세요?"

"그럼, 알다마다. 어디 한번 보자. 후은이가 아까부터 쩔쩔매고 있는 것 같으니 후은이 걸로 한번 해 보자."

⍟ **테트리스**
각기 다른 모양의 일곱 가지 블록을 쌓는 퍼즐 게임. 한 줄을 채워 넣으면 해당 줄이 사라지면서 점수가 올라간다.

삐삐 삐비빅. 후은은 물론이요, 자신의 게임에 열중하고 있던 긍후마저도 아빠의 현란한 손놀림에 그만 두 손을 멈추고 턱을 떨어뜨렸다.

“어, 어, 어…… 우와, 깼다!”

“오, 아빠 테트리스 좀 하시는데요?”

“아빠, 최고예요!”

“테트리스 덕분에 우리 예쁜 따님께 최고라는 소리도 듣고, 기분 좋은걸!”

아빠는 별것 아니라는 듯 어깨를 으쓱이며 말을 이어갔다.

“너희 테트리스가 왜 테트리스인지 아니?”

“네?”

‘테트리스가 왜 테트리스인가’라는 느닷없는 질문에 궁후와 후은은 어리둥절해서 고개만 갸웃거렸다.

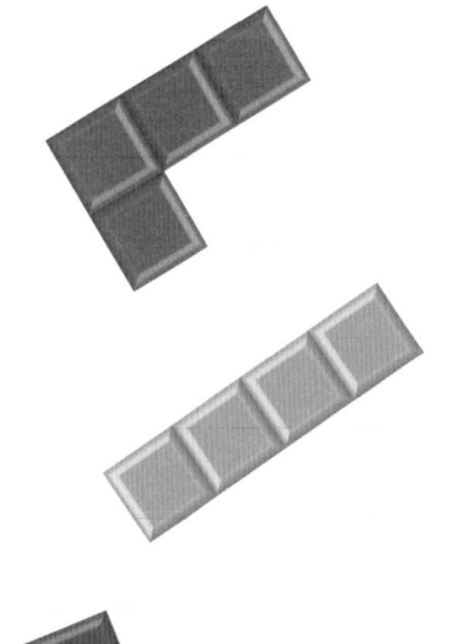

“내려오는 블록은 작은 정사각형 블록 몇 개로 구성되어 있니?”

“에이, 다 다른 모양이 내려오는 걸요! 그때그때 다르겠죠.”

“어, 가만! 아니야. 길쭉한 일자 블록도 네 칸, 정사각형 블록도 네 칸, 기역자 블록도 네 칸…… 그러고 보니 다 네 칸짜리 블록인 것 같은데요?”

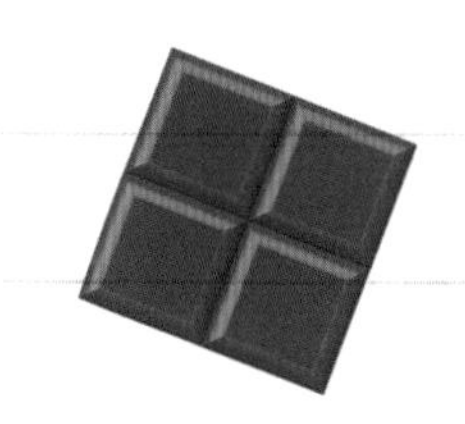

"그렇지! 우리 궁후가 괜히 레벨이 높은 게 아니었구나."

답을 맞힌 궁후가 어깨를 들썩이며 우쭐대자 후은이 입술을 삐죽 내밀었다.

"치잇."

아빠는 그런 후은의 표정이 귀엽다는 듯 검지를 들어 후은의 입술을 살짝 밀어 넣으며 말을 이었다.

"테트리스의 '테트'는 숫자 4를 뜻하는 '테트라(tetra)'라는 말에서 온 것이란다. 그래서 내려오는 블록들은 모두 네 개의 작은 정사각형 블록으로 만들어졌지. 블록은 총 일곱 가지 종류가 있어."

"기역, 니은, 리을, 뒤집힌 리을, 오자, 일자, 네모…… 어, 진짜네!"

후은이 머릿속으로 테트리스 모양을 떠올리며 헤아리는 동안, 궁후는 빠르게 움직이는 아빠의 손가락 아래로 착착 메워져 사라지는 블록들을 바라보며 생각했다.

'열심히 연습해서 후은이에게 더 멋진 모습을 보여 줘야지!'

후은도 아빠가 깨고 있는 테트리스를 흘끔 쳐다보며 생각했다.

'질 수는 없지. 나도 열심히 연습해서 오빠, 아빠보다 더 높은 레벨까지 가고 말 거야!'

삑삑 삐비빅 삐빅 삑삑.

궁후와 후은은 아빠가 나가는 줄도 모르고 다시 테트리스에 빠져 열심히 손가락을 움직였다. 그런데 참 이상한 일이었다. '어서 자야지', '스마트폰은 이제 가져간다' 하는 엄마의 잔소리가 빗발같이 날아들어야 할 시간이 훨씬 지났는데 오늘은 어째 한마디도 들리지 않으니 말이다. 대신 방문 틈새를 비집고 들어온 엄마, 아빠의 곤한 콧소리가 삐빅거리는 전자음과 어울려 묘한 하모니를 만들어 내고 있었다.

1

세모 발자국에 숨어 있는 네 개의 꼭짓점

따르르르르릉, 따르르르르릉.

스마트폰에서 울리는 요란한 알람 소리에 눈을 뜬 후은은 방 안으로 깊숙이 들어온 햇살을 멍하니 보다가 벌떡 몸을 일으켰다.

"꺄아아악! 지각이다, 지각! 오빠, 오빠, 왜 안 깨웠어? 오빠!"

방문을 박차고 뛰어나간 후은이 뒤로 잠이 덜 깬 긍후가 게슴츠레한 눈으로 걸어 나오며 말했다.

"무슨 호들갑이야. 우리 방학했잖아."

"아! 그렇지. 아이고 아까운 내 잠! 다시 자러 갈까?"

후은이 뭔가 큰 손해를 본 듯 안타까워 어쩔 줄 몰라 하는 그때였다.

아빠

어서 와

엄마

식탁 위

카톡, 카톡.

궁후와 후은의 스마트폰으로 동시에 메시지가 도착했다.

"이 아침에 누구지?"

"아침은 아니지. 벌써 열 시가 다 되어 간다고."

각자 메시지를 확인했다.

"엥?"

둘은 동시에 미간을 찌푸리며 외쳤다.

"오빠, 이게 무슨 소리야? 식탁 위?"

“난 ‘어서 와’라는데? 아빠가 보내신 문자야. 어서 오라고? 어디로? 회사로?”

“그러고 보니 내 카톡은 엄마한테서 왔어. 엄마? 엄마!”

후은은 안방 문, 화장실 문을 차례로 활짝 열어젖히며 엄마를 큰 소리로 불렀다.

궁후가 말했다.

“엄마가 보낸 문자라고? 아무래도 지금 집에 안 계신 것 같아. 베란다에도 안 계시지?”

“응! 여기도 안 계셔.”

후은이 베란다 문을 도로 닫으며 소리쳤다.

“뭐라고 왔어?”

“뭐가?”

“카톡이 뭐라고 왔냐고.”

“식탁 위.”

“식탁 위? 부엌으로 다시 가 보자.”

궁후와 후은은 재빨리 식탁으로 몸을 돌렸다. 식탁 위에는 아직 온기가 남아 있는 토스트 두 조각과 함께 앨범 한 권이 놓여 있었다.

“이거 봐.”

후은은 앨범 위에 클립으로 집혀 있는 쪽지를 잽싸게 뽑아 들었다.

“한 주가 멀다 하고 드나들던 추억의 장소?”

긍후 ✡ 후은

긍후야, 후은아!
방학 특권인 달콤한 늦잠을 방해하고
싶지 않아서 이렇게 메모를 남긴다.
오늘 너희들이 어릴 때 한 주가 멀다 하고
드나들던 우리 가족만의 추억의 장소로 시간
여행을 떠날까 한다. 먼저 출발하니
이 사진첩을 이정표 삼아 잘 따라오거라.
그러고 보니 너희를 만난 지도 벌써 10년이
다 되어 가는구나.
아무튼! 잘 찾아올 거라 믿는다.

2011. 07. 27.
세 번째 사진

머리를 맞대고 쪽지에 적힌 메시지를 읽어 내려가던 긍후와 후은은 누가 먼저랄 것도 없이 동시에 외쳤다.

"동물원!"

"미술관!"

"동물원이야!"

"아냐. 미술관도 자주 갔었잖아!"

"우리 이럴 때가 아냐. 미술관이든 동물원이든 거기서 거기 아니

겠어? 일단 출발하자."

궁후의 결단력 있는 한마디에 둘은 토스트를 하나씩 챙겨들고 서둘러 집을 나섰다.

"띠링 띠링 띠링. 출입문 닫겠습니다. 출입문 닫겠습니다."

가쁜 숨을 몰아쉬며 지하철 의자에 나란히 앉은 긍후와 후은은 서로 얼굴을 마주 보며 웃음을 터뜨렸다.

"풉!"

"얼굴 좀 봐. 큭!"

지하철역으로 달려오며 급히 입 안으로 밀어 넣은 토스트 때문에 둘의 입가에 샛노란 겨자 소스가 빙 둘러 묻어 있었다. 그 모습이 마치 두 마리의 쌍둥이 너구리를 연상하게 했다.

"우리 사진 구경 좀 할까?"

혓바닥을 한 바퀴 돌려 잽싸게 너구리 남매에서 벗어난 둘은 앨범을 뒤적이며 어린 시절을 떠올렸다.

"역시 동물원에서 찍은 사진들이 많네."

"미술관은 실내에서 사진을 찍을 수가 없으니 그런 거지."

둘이서 동물원과 미술관을 두고 팽팽한 줄다리기를 하는 동안 열차는 대공원역으로 들어서고 있었다.

"내리자. 늘 그랬듯 동물원이 먼저야."

후은은 긍후의 말에 더 이상 반박할 수가 없었다. 아니 반박하고 싶지가 않았다. 늘 오빠가 가고 싶은 동물원이 먼저이고, 후은이가 가고 싶은 미술관은 다음 차례였다. 억울했지만 동물원이 더 가까운 것은 사실이라 어쩔 수 없었다.

부루퉁한 얼굴을 한 후은은 궁후를 앞질러 동물원 입구로 향했다.

"너 어디로 가야 하는지는 알고 있는 거야?"

"몰라! 전화해 보면 되지 뭐."

뚜르르르르르, 뚜르르르르르, 뚜 뚜 뚜 뚜.

"어? 안 받아."

"정말? 네 스마트폰 이상 있는 거 아냐? 내 걸로 한번 해 볼까?"

'띠링!'

궁후가 막 전화를 하려는 찰나, 후은이의 스마트폰에 메시지가 한 통 도착했다.

'전화를 받을 수 없습니다. 메시지를 보내 주세요.'

'엄마! 우리 도착했어요. 어디로 가요?'

엄마

보낸 날짜, 보낸 사람

엄마!
우리 도착했어요.
어디로 가요?

'보낸 날짜, 보낸 사람'

후은이가 보낸 SOS 문자에 엄마의 답은 정말이지 동문서답이었다.

"오빠, 여기 이거 좀 봐. 무슨 말일까?"

"보낸 날짜? 보낸 사람? 후은아, 혹시 너 아까 그 쪽지 가져왔어?"

"여기다 뒀는데…… 여기!"

"보낸 날짜라…… 2011년 7월 27일…… 어, 오늘 날짜가 아니잖아!"

"그럴 리가. 어, 진짜네! 그럼 세 번째 사진, 이건 뭐지?"

긍후가 행여 무슨 단서가 나오지 않을까 쪽지를 이리저리 돌려 보고 있는 사이, 후은은 앨범을 뒤적이며 중얼거렸다.

"2011년 7월…… 찾았다! 여기 사진이 있어. 꽤 많은데, 동물원에서 찍은 사진들이네."

"혹시 세 번째 사진이 뭐야?"

"세 번째 사진? 여기 이거야."

세 번째 사진에 긍후와 후은의 시선이 모이는 순간 고요한 정적이 그 둘을 감쌌다.

"대체 이건 뭐지."

가야 할 장소를 일러 줄 사진이라면 푯말이나 이정표, 적어도 그곳의 특징을 보여 주는 건물이나 동물이 잘 드러나야 하는 것이 아닌가! 그러나 세 번째 사진에는 푯말은커녕 동물의 코빼기도 보이

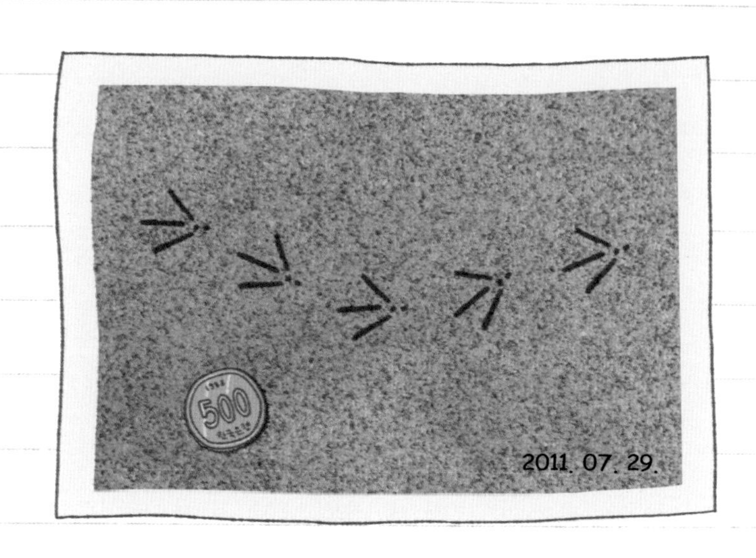

지 않았다.

사진과 함께하는 오늘의 여정이 결코 쉽지 않을 것 같았다. 긍후와 후은은 약속이라도 한 듯 동시에 한숨을 내쉬었다.

"이 벽에 난 자국들은 뭘까?"

"이거 벽이 아니라 바닥 같은데……."

"발자국!"

"발자국!"

"찌찌뽕! 오빠, 나랑 똑같이 말했다!"

걱정으로 그늘졌던 둘의 마음에 한바탕 웃음과 함께 한 줄기 희망의 볕이 들었다.

"그런데 여기 동전도 떨어져 있네. 과연 사진을 찍고 동전을 주웠을까?"

"어, 그러고 보니 500원짜리 동전이랑 발자국 크기가 비슷해."

"발이 작다는 얘기니까 동물 몸집이 썩 크지는 않겠어."

"동물은 보통 발, 그러니까 다리가 네 개 아닌가?"

"그런데?"

"다리가 네 개인 발자국은 보통 오른쪽과 왼쪽 사이의 거리가 어느 정도 있지 않나? 이렇게 말이야."

긍후가 양 집게손가락을 펼쳐 들고 주욱 허공에 11자를 그리며 말했다.

"그렇다면…… 이 발자국의 주인공은 다리가 두 개인가 봐. 이렇게!"

후은이 두 손을 허리에 살짝 얹고 모델의 걸음걸이를 흉내 냈다.

"푸하하하! 그게 뭐야? 뒤뚱뒤뚱 오리도 아니고."

"오빠! 이러기야?"

오빠의 짓궂은 말에 후은은 손사래를 치며 소리를 쳤다. 그런데 그때, 후은의 뇌리를 스치는 두 음절의 단어, 오리.

"잠깐! 오리? 몸집이 작고 다리가 두 개인 동물. 맞네! 오빠, 우리 어디로 가야 하는지 알겠어."

후은은 자신 있는 목소리로 오른쪽을 가리켰다. 손가락이 가리키

㊍ **가금사**
집에서 기르는 날짐승을 가두는 우리.

㊍ **맹금사**
사나운 새를 가두어 기르는 우리.

는 방향으로는 '열대 조류관'과 '큰물새장'을 지나 ㊍가금사와 ㊍맹금사가 자리 잡고 있었다.

"그럼 이게 오리 발자국이라는 말이야?"

궁후가 고개를 갸웃거리며 서둘러 걸음을 재촉했다.

"우와! 저기 앵무새다!"

새를 발견한 궁후와 후은은 누가 더 빠른가 내기라도 하듯 쌩하고 바람을 가르며 열대 조류관을 향해 돌진했다.

"안녕?"

"안녕!"

궁후와 후은은 온몸을 감싸는 무지갯빛 깃털과 길게 뻗은 빨간 꼬리를 가진 앵무새 앞에서 '안녕' 하며 인사했다.

"이거 앵무새 맞아? 왜 말을 안 하지?"

"맞는데, '금강앵무'라고 써 있어."

"너 앵무새 맞다며. 말 좀 따라 해 봐. 안! 녕!"

궁후는 힘껏 소리쳤다. 그때였다. 어딘가에서 바람을 타고 메아리가 들려왔다.

"앙 녕 앙 녕."

"어디지?"

두리번거리는 둘의 눈앞에 나타난 목소리의 주인공은 검은 몸통에 부리와 다리만 노랗게 도드라지는 팔뚝만 한 새였다.

"너였니?"

"너 너 너."

"우와! 얘 좀 봐. 잘 따라 하는데!"

"반! 가! 워!"

"방 가 워 방 가 워."

"이 앵무새 진짜 말 잘하네! 집에서 한 마리 기르고 싶다. 오빠도 그렇지?"

"흠흠, 이거 앵무새 아닌데."

후은이 새에게 말을 거는 데 정신이 팔려 있는 동안 푯말을 본 긍후가 아는 체를 하며 말했다.

"이 새로 말할 것 같으면 중국, 인도 등지의 산림지대에 사는 새로 사람의 말을 가장 잘 흉내 내는 '구관조'라고 한대."

"오, 역시 우리 오빠네! 킥킥."

후은이 모든 것을 알고 있다는 듯 키득거리며 오빠를 추켜세웠다.

"오빠, 우리 이럴 때가 아니잖아. 발자국!"

"아, 맞다. 발자국!"

둘은 앨범에 끼워 둔 발자국 사진을 꺼내 들고

구관조

열대 조류관에 있는 새들의 발 모양과 비교해 보았다. 열대 조류관에는 각종 앵무새와 찌르레기가 대부분이었는데, 이들은 나뭇가지 위에 앉아 있어 발자국을 발견하기가 쉽지 않았다.

"여기 사진 속 발자국은 긴 발가락이 세 개인데, 저기 저 나뭇가지 위에 앉아 있는 앵무새 발가락은 두 개밖에 안 보여."

"오빠, 이리로 와서 봐. 앞에서 보이는 발가락만 있다면 앵무새들

새의 발 모양

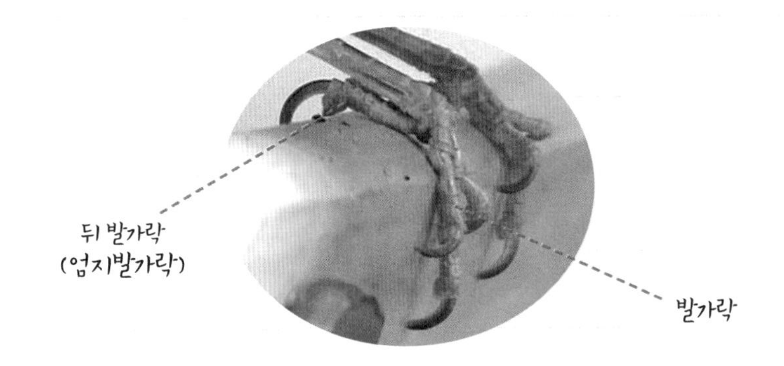

앵무새, 찌르레기, 구관조 등의 새들은 주로 나뭇가지에 앉아 휴식을 취한다. 이들의 발 모양은 나뭇가지에 앉기 쉬운 모양으로 발톱은 나뭇가지를 감싸기 좋도록 둥글게 휘어져 있으며, 뒤 발가락은 평형을 유지하는 기능을 한다.

이 묘기를 부리는 것도 아니고 뒤로 홀랑 넘어가지 않겠어? 저기 뒤쪽으로도 두 개 보이지?"

"그럼 앞에 두 개, 뒤에 두 개…… 모두 네 개라는 건데, 그럼 여기 새들은 아닌가 봐."

"그러게 발톱도 꽤 길어. 저 발톱이 둥글게 휘어 있는 걸 보니 나뭇가지를 꽉 움켜잡기에 좋겠어."

궁후와 후은은 재빨리 큰물새장으로 향했다. 큰물새장에는 목과 다리가 긴 두루미와 동화책에 많이 등장하는 오리 그리고 두루미라

펠리컨

하기는 다리가 짧고, 오리라 하기는 덩치가 큰 새들이 있었다.

"저기 좀 봐. 재네들은 누굴까?"

"전에 만화영화에서 본 새랑 좀 닮았는데. 페, 페, 페리오?"

"푸하하하하하! 그건 치약 이름이잖아!"

궁후는 배꼽을 쥐고 우리를 향해 달렸다.

"오, 그래도 두 글자는 거의 맞췄네. 펠리컨이래."

"아, 맞다! 펠리컨이지. 그런데 여기 새들은 덩치가 커서 그런지 발도 다 큰 것 같아. 여기는 아무래도 아닌가 봐."

후은이 실망스러운 목소리로 말했다. 그때 저만치에서 동동동동 물살을 일으키며 후은을 향해 헤엄쳐 오는 작은 새 한 무리가 있었다.

"오리 같은데?"

"어, 기러기래! 쇠기러기!"

"저 오리, 아니 쇠기러기들은 몸통이 좀 작은 편이라 발자국의 주인공일 수도 있겠는데…… 물속에 있으니 발 모양을 볼 수가 있어야지. 에휴."

푸르르르.

수영용 오리발과 물새들의 물갈퀴

오리, 기러기 등의 물새들은 헤엄치기 용이한 발 구조를 갖고 있다. 발가락과 발가락을 연결하는 미세한 피부막을 물갈퀴(복족)라고 하는데, 물속에서 이 막을 펼치면 헤엄치기가 더 쉬워진다.
스쿠버 다이빙을 비롯해 사람들이 물에서 헤엄을 칠 때 착용하는 보조 도구인 오리발은 이들 물새들의 발 모양에서 아이디어를 얻은 발명품이라 할 수 있다.

"앗, 차가워!"

조금이라도 가까이에서 보려고 고개를 들이밀고 있던 긍후가 깜짝 놀라 뒷걸음쳤다. 발 모양을 보고 싶은 긍후의 간절한 마음을 안 것일까? 물 가까이 도착한 쇠기러기 한 마리가 푸드덕거리며 바위 위로 올라앉았다.

“하나, 둘, 셋! 후은아, 기러기 발가락이 셋이야 셋!”

“에휴, 저기 발가락 하고 발가락 사이를 봐.”

후은은 환호성을 치는 긍후에게 찬물을 끼얹었다. 긍후와 후은을 향해 앉은 기러기의 발가락은 세 개였으나 발가락과 발가락 사이가 막으로 이어져 물갈퀴가 있었다.

실망감으로 어깨가 축 처진 긍후와 입꼬리가 한껏 내려간 후은이 타박타박 무거운 걸음으로 도착한 곳은 꿩과 닭이 사는 가금사였다. 가금사 앞에는 하늘 향해 몸부림치는 오색 빛깔 풍선이 있었고, 그 근처에 사람들이 모여 있었다.

"우와!"

사람들의 함성 소리가 그곳을 지나치던 긍후와 후은의 발길을 잡았다.

"오빠, 우리 잠깐 구경하고 가면 안 될까?"

긍후는 한시 바삐 발자국의 주인을 찾아야 한다는 생각에 마음이 조급했다. 그러나 사람들의 환호성 소리에 무슨 재미있는 일이 벌어지고 있는 것일까 궁금하기도 해서 후은의 부탁에 못 이기는 척 고개를 끄덕였다.

"자, 이번엔 이 위로 병아리를 올려 보겠습니다."

틈을 비집고 가운데로 들어간 둘의 눈앞에는 빨간 코에 새빨간 폭탄 머리를 한, 키 큰 피에로가 병아리를 막 집어 올리고 있었다.

병아리가 올라갈 곳은 너비가 30센티미터, 길이가 60센티미터 정도 되는 기다란 모래 상자였다. 그런데 놀라운 것은 그 모래 상자가 종이 구조물 위에 놓여 있다는 것이었다. 아까 들려왔던 함성 소리는 아마도 모래 상자를 종이 구조물 위에 올릴 때 터져 나온 모양이었다. 피에로 손에 들려 공중에서 허우적거리던 병아리가 모래 위에 두 발을 내딛는 순간, 사람들은 모두 숨을 죽였다. 잠시 두리번거리며 경계를 늦추지 않던 병아리가 반대편에 있는 모이를 발견하고 걸음을 떼자 다시 한번 탄성이 터졌다.

"와!"

“휘이익!”

“한 번 더! 한 번 더!”

사람들의 외침에 피에로는 눈썹을 찌푸리며 희고 긴 검지를 입술에 갖다 대었다. 그리고는 긴 다리를 접고 쪼그려 앉아, 모이를 먹고 있는 병아리 등을 살살 문질러 주었다. 귀여운 병아리의 식사 시간이니 조용히 해 달라는 듯했다.

찰칵 찰칵 찰칵.

후은은 귀여운 병아리에게 홀딱 정신을 빼앗긴 얼굴로 연신 스마트폰의 카메라를 눌러 댔다.

병아리가 간간이 삐악 하는 소리를 내며 모이를 먹는 동안 사람들은 점점 줄어 어느덧 긍후와 후은만 병아리를 바라보고 있었다.

“아저씨, 이 종이는 뭐예요?”

긍후가 손가락으로 모래 상자 아래에 세워진 종이 구조물을 가리키며 물었다.

피에로는 목소리를 낮추라는 듯 다시 손가락을 세워 입에 가져가더니 커다란 가방에서 사진을 한 장 꺼냈다. 사진 속에는 삼각형들이 서로 어깨를 마주대고 늘어선 모양의 긴 다리가 있었다. 그리고 그 다리 위로 자동차가 지나가는 것이 보였다.

“한강 다리 같은데요?”

피에로는 빙긋 웃으며 엄지와 검지로 동그라미를 만들어 보였다.

삼각형 트러스 구조로 만든 한강 다리

긍후는 모래 상자 아래 놓여 있는 종이 구조물과 한강 다리 사이의 공통점이 무엇일까 골똘히 생각에 잠겼다.

'무거운 모래 상자를 올린 종이 구조물, 자동차가 지나가는 한강 다리……. 무거운…… 무거운? 그런데 대체 어떻게 종이가 모래 상자의 무게를 버틸 수 있는 거지? 다리야 더 단단하고 무거운 물질로 만들면 될 테지만. 도대체 뭐야?'

다시 자리에 주저앉은 긍후에게 후은이 물었다.

"오빠, 왜? 이제 갈까? 모이도 거의 다 먹은 것 같아. 우리 집에도

삼각형의 종류 및 특징

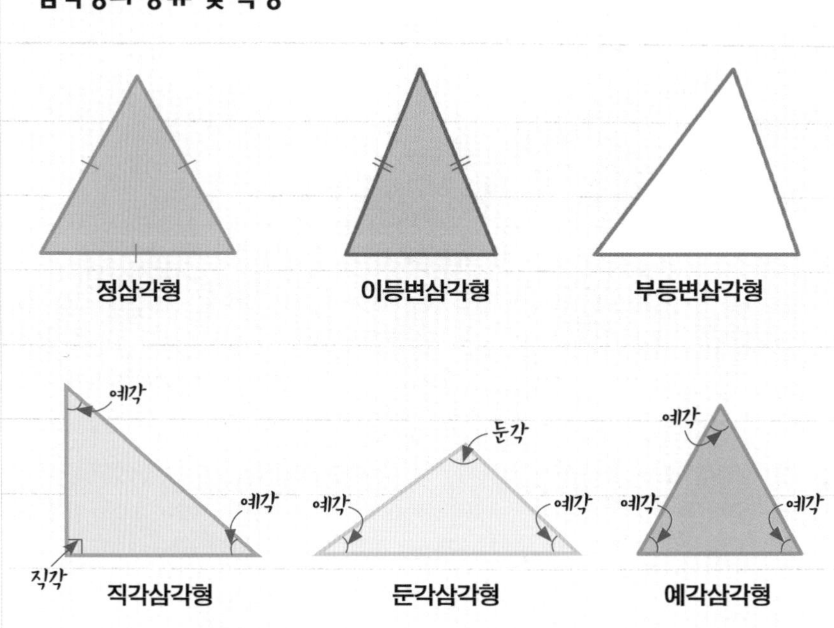

삼각형이란 세 개의 선으로 둘러싸인 도형이다. 변의 길이에 따라 세 변의 길이가 모두 같은 정삼각형, 두 변의 길이가 같은 이등변삼각형, 세 변의 길이가 모두 다른 부등변삼각형 등이 있다.
각의 크기에 따라서 삼각형을 분류할 수도 있다. 삼각형의 세 각 가운데 한 각이 직각(90°)인 직각삼각형, 한 각이 둔각(90°<둔각<180°)인 둔각삼각형, 세 각이 모두 예각(0°<예각<90°)인 예각삼각형이 있다.
삼각형은 외부에서 힘을 가해도 크기나 모양이 변하지 않는 도형으로 다리나 기중기 등 튼튼하게 만들어야 하는 물건에 많이 활용된다.

병아리 한 마리, 아니 두 마리 키우면 좋겠다. 한 마리는 오빠 거, 한 마리는 내 거. 쌍둥이 병아리로 말이야!"

"후은아 대체 왜 그럴까?"

궁후는 후은의 병아리 이야기를 못 들었는지 손가락으로 사진과 종이 구조물을 번갈아 가리키며 말했다.

"어, 삼각형이다! 어쩜 이렇게 삼각형이 많담. 하나, 둘……."

"삼각형? 그러네. 종이 구조물도 삼각형, 온통 삼각형 투성이야!"

'그렇다면 삼각형이 이 둘의 비밀을 풀 수 있는 열쇠라는 것인데……. 삼각형은 점 세 개로 이루어진 도형이지. 변도 세 개이

고…… 가장 쉽게 만들 수 있는 단순한 도형?'

어느새 병아리와 모래 상자를 모두 정리한 피에로는 바람처럼 사라졌다.

"오빠, 피에로가 사라졌어. 어, 그런데 이걸 두고 갔네."

후은은 주위를 두리번거리며 피에로를 찾았으나 긴 다리로 성큼성큼 가 버린 것인지 어디에도 흔적이 없었다. 후은은 '아, 내가 너무 열심히 삼각형의 개수를 세는 바람에 놓쳤나 봐. 방송을 해서라도 피에로를 찾아야 할까'라고 생각하며 서둘러 스마트폰 사진 속의 피에로를 찾았다. 그 사이 종이 구조물의 비밀이 궁금했던 긍후는 종이 구조물을 직접 만져 보려고 길게 손을 뻗었다.

"오빠!"

"후은아!"

긍후와 후은은 놀란 목소리로 서로를 불렀다.

"오빠, 오빠! 찾았어, 찾았어! 사진 속 발자국의 주인공! 여기 봐!"

후은은 긍후가 입을 떼기도 전에 한 손에는 스마트폰, 다른 한 손에는 사진을 들고 말을 이었다.

"여기 아까 모래 상자 위의 병아리 사진을 봐! 똑같지? 똑같지? 아, 왜 진작 몰랐지?"

정말 사진 속의 발자국 모양과 병아리가 모래 상자에 남긴 발자국 모양이 꼭 같았다.

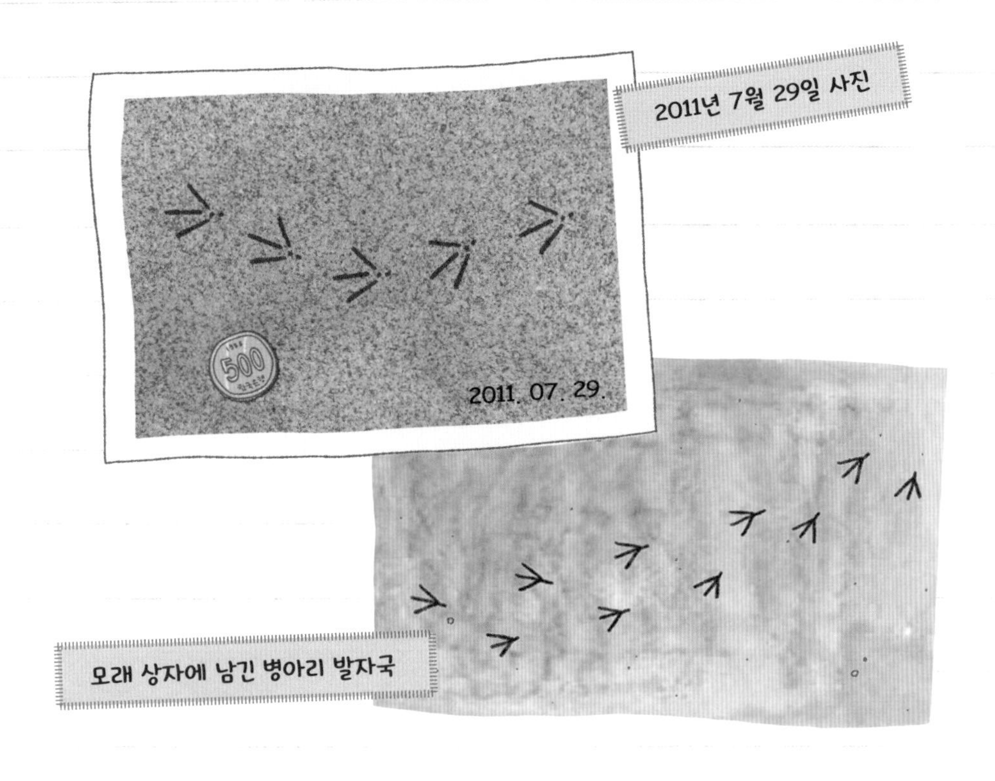

"있지 오빠, 이 발자국을 보고 우리는 발가락이 세 개인 줄 알았잖아. 그런데 병아리 발가락은 세 개가 아니라 네 개이더라고. 앞 발가락 세 개는 길게 뻗어서 카메라 삼각대처럼 단단하게 바닥을 지지하고 있다가 앞으로 나갈 때는 땅을 밀어 주는 것 같았고, 뒤 발가락 한 개는 이젤 다리처럼 생긴 게 엉덩이 무거운 병아리가 뒤로 넘어가지 않게 살짝 받쳐 주는 것 같았어. 나 대단하지 않아? 이렇게 어려운 걸 맞추다니 말이야!"

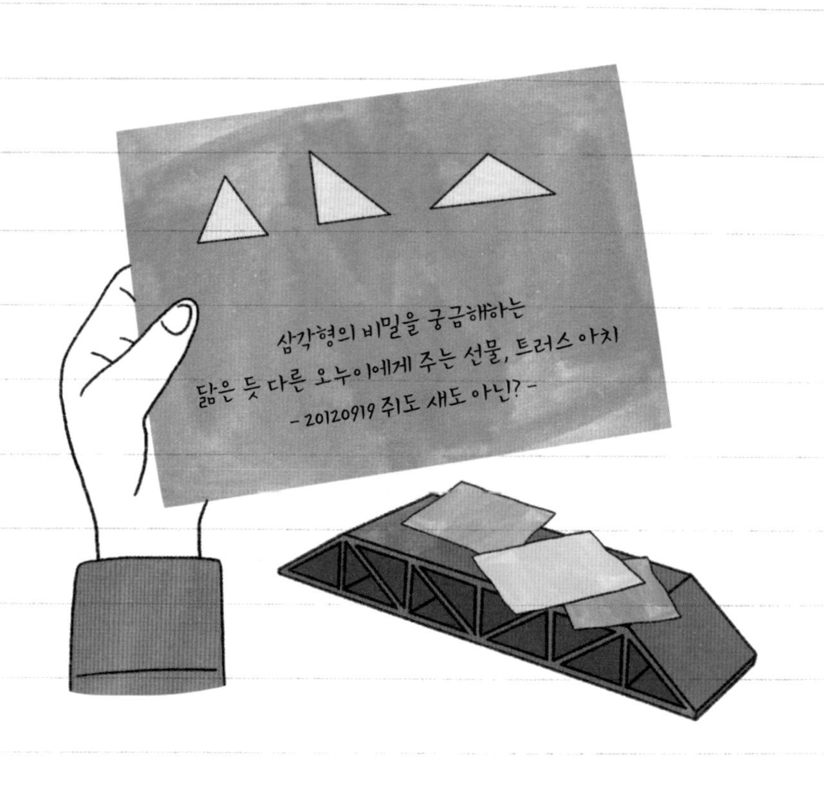

“후은아, 그런데 너 엄마, 아빠가 어디 계신지는 알아?”

“어디로 가냐고 엄마한테 물었을 때 이 사진을 보라고 하셨으니까. 음…… 병아리가 있는 곳으로 가면 되지 않을까? 거기가…….”

궁후는 병아리가 있을 법한 곳을 찾아 두리번거리는 후은에게 종이 한 장을 내밀었다. 바로 아까 피에로가 놓고 간 종이 구조물 위에 종이 몇 장이 놓여 있었던 것이다.

작은 글씨와 몇 가지 삼각형 그림으로 빽빽이 들어찬 종이의 맨

아래에는 급히 휘갈겨 쓴 듯한 글씨가 적혀 있었다.

종이에 적힌 여덟 자리의 숫자는 엄마, 아빠를 찾아 나선 긍후와 후은의 여행이 이제 시작되었음을 예고하고 있었다.

퀴즈 1

외부에서 힘을 가해도 크기나 모양이 변하지 않아 다리나 기중기 등 튼튼하게 만들어야 하는 물건에 많이 활용되는 도형은?

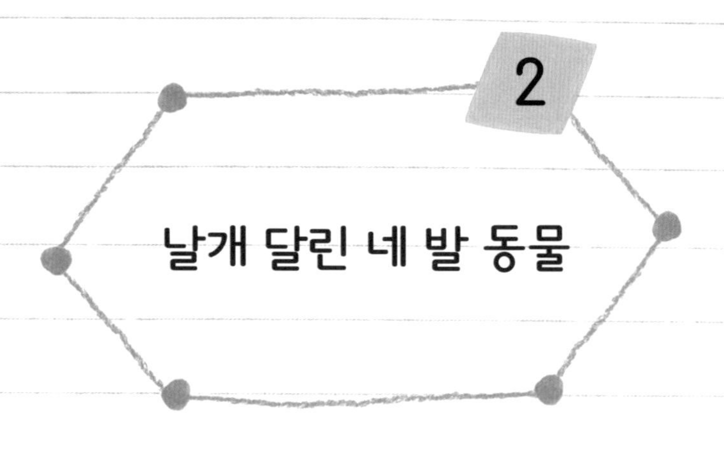

2 날개 달린 네 발 동물

삼각형의 비밀을 궁금해하는 닮은 듯 다른
오누이에게 주는 선물, 트러스 아치.
- 20120919 쥐도 새도 아닌? -

"아, 정말! 엄마, 아빠는 쥐도 새도 모르게 대체 어디로 가신거야?"

후은은 또다시 나타난 암호 같은 문자들에 머리를 감싸 쥐며 소리쳤다. 궁후는 잔뜩 심통이 난 후은을 위로하는 대신 후은의 손에 들려 있던 앨범을 가져와 재빨리 다음 장으로 넘겼다.

'20120919'

손가락으로 사진에 찍힌 날짜를 읽어 가던 긍후의 표정이 점점 어두워졌다. 손가락이 멈춘 곳에는 연주홍빛을 띤 여덟 자리 숫자가 찍혀 있었다.

"휴우……."

땅이 꺼져라 내뱉는 긍후의 한숨 소리에 행여 오빠가 여기서 주저앉기라도 할까 봐 걱정이 된 후은은 격양된 목소리로 설레발을 치며 말했다.

"이거 대체 누가 찍은 거야? 엄마야, 아빠야? 만나기만 해 봐라. 누가 이렇게 사진을 못 찍는지 꼭 밝혀 내서 동네방네 다 소문내 줄 거야."

후은의 목소리 뒤로 사진보다 더 새까만 정적이 감돌았다.

'…… 0919 쥐도 새도 아닌.'

정적을 깬 것은 눈알을 이쪽저쪽으로 굴리며 한참 생각에 빠져 있던 궁후의 엉뚱한 말 한마디였다.

"에라 모르겠다. 우리 쥐나 보러 가자."

"쥐?"

"떠오르는 건 없고 새는 여태껏 봤으니까."

"쥐도 아니고 새도 아니라잖아! 오빠, 거기 서 봐."

궁후의 등 뒤로 후은의 목소리가 점점 더 멀어져 갔다.

"아니, 쥐도 새도 아닌 걸 보러 가야 맞지 않아? 휴…… 오빠, 같이 가!"

후은은 뭔가 잘못된 것 같다는 생각을 떨치지 못한 채 저만치 앞서가는 궁후를 쫓아 발걸음을 재촉했다. 점점 걸음이 빨라지는 궁후를 쫓느라 숨이 턱까지 차오른 후은이 숨을 몰아쉬며 물었다.

"오빠, 헉헉. 그런데 헉, 지금 어디로 가야 쥐를 볼 수 있는지 알고는 있는 거지?"

"아!"

아까 너무 열심히 고민을 했던 탓일까. 무작정 쥐를 보러 가겠다고 뻗은 길을 따라 돌진하던 긍후는 그만 동물원 남서쪽 깊숙이 들어와 버렸다. 긍후와 후은의 눈앞에 보이는 커다란 간판에는 '아기 동물들의 보금자리 ★인공 포육장'이라고 적혀 있었다.

★ **인공 포육장**
어미 품에서 자랄 수 없는 새끼 동물들을 일정 기간 동안 사육사가 돌보는 공간.

"왜, 뉴스에 보면 아기 쥐들 많이 나오잖아. 분명히 여기에 새하

얗고 조막만 한 쥐들이 있을 거야!"

궁후는 당황한 기색을 감추려고 애써 확실하다는 듯 힘주어 말했다.

"쥐가 새하얗고 조그마하다고?"

후은은 얼마 전 사회 시간에 선생님께서 들려주신 '쥐 꼬리 잘라 오기' 이야기가 떠오르며 잿빛의 커다란 시궁쥐가 눈앞에 보이는 듯했다. 선생님 말씀에 따르면 1960~1970년대에는 시골은 물론 도심에도 쥐가 많았다고 했다. 그 쥐들이 곡식을 앗아갈 뿐만 아니라 여러 전염병까지 옮겨 전국에서 쥐 잡기 캠페인을 벌였고, 초등

학교에서도 '쥐 세 마리 잡아서 꼬리 잘라 오기'를 숙제로 내 주었다고 했다.

모르긴 해도 그 쥐는 〈라따뚜이〉나 〈톰과 제리〉에 나오는 주인공처럼 귀엽고 안아 주고 싶은 쥐는 아닐 것이 분명했다. 후은은 마음속으로 제발 쥐가 없기를 바라며 오빠 뒤를 따라 인공 포육장으로 가는 계단을 올랐다.

인공 포육장에는 다양한 종류의 아기 동물들이 있었다.

"우와, 새끼 호랑이다! 생김새는 어른 호랑이랑 똑같은데 작아서 그런지 정말 순해 보여. 하나도 무섭지가 않아."

귀여운 아기 동물들의 모습에 후은은 징그러운 쥐를 만날 걱정은 까마득히 잊어버린 듯했다.

"어머, 얘도 젖을 먹나 봐. 진짜 귀엽다! 한번 안아 봐도 돼요?"

"사자도 사람과 같은 포유동물이니까 당연히 젖을 먹지."

후은의 질문에 대답을 한 것은 사육사가 아니라 궁후였다. 후은의 얼굴에 아쉬움이 스치는 것을 눈치채지 못한 궁후는 얼마 전 책에서 읽은 포유류 이야기를 막 풀어내기 시작했다.

인공 포육장에 있는 새끼 호랑이

“원래 대부분의 동물은 닭처럼 알을 낳아서 자손을 퍼뜨렸는데, 우리가 달걀을 먹듯이 알은 쉽게 다른 동물들의 먹잇감이 되었대. 그래서 동물들 중 일부가 알을 낳는 대신, 새끼를 몸속에서 키워서 낳는 것으로 번식 방법을 바꾸었지. 그런 동물들을 바로 ‘포유동물’이라고 해. 먹을 포(哺)에 젖 유(乳), 젖을 먹는 동물. 그러니까 새끼를 낳는 동물들이 다들 젖을 먹는 거지.”

“정말 그럴까?”

사자에게 젖병을 물려 주던 사육사가 쌔근쌔근 잠이 든 아기 사자를 안아 들고 우리 밖으로 나오며 말을 이었다.

방울뱀

"혹시 방울뱀이 알을 낳는지 새끼를 낳는지 알고 있니?"

"에이, 뱀은 당연히 알을 낳죠!"

"대부분 알을 낳지만 방울뱀은 알이 아니라 새끼를 낳는단다. 살모사도 마찬가지야."

"말도 안 돼요! 그러면 방울뱀도 포유동물이라고요?"

"그렇지는 않아. 방울뱀이나 살모사는 보통 뱀처럼 파충류에 속해. 사실 방울뱀이나 살모사는 알을 자신의 배 속에 낳아. 그 알이 배 속에서 깨어 나서 새끼가 어미 몸 밖으로 나오는 거지. 새끼를 낳을 때 어미가 지쳐 쓰러져 있는 모습이 흡사 새끼가 태어나면서 어미를 죽이는 것과 같다고 해서 어미를 죽이는 뱀, 바로 살모사(殺母蛇)라고 이름 붙여졌다고 해. 참, 이들은 새끼에게 젖을 먹여 기르지는 않아."

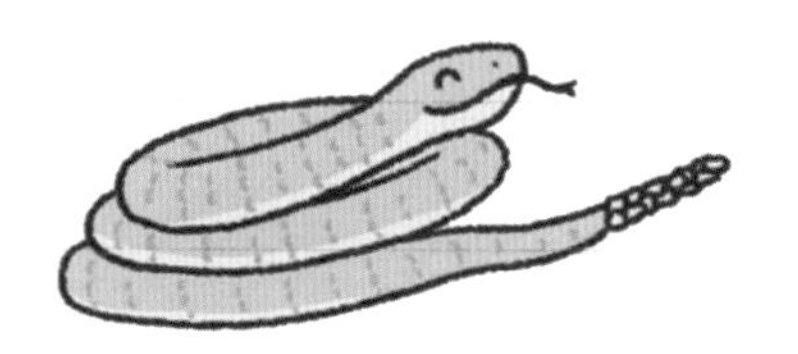

척추동물의 분류

어류	양서류	파충류	조류	포유류
주로 몸이 비늘로 덮여 있고 아가미로 숨 쉬며 물속에 사는 물고기 종류	부드럽고 매끈한 피부를 가졌으며 물속과 물 밖을 오가며 생활하는 동물	몸이 비늘로 덮여 있고 주위의 온도에 따라 체온이 변하며 겨울잠을 자는 동물	깃털로 덮여 있는 몸에 날개가 있고 알을 낳아 기르는 새 종류	온몸이 털로 덮여 있고 새끼를 낳아 젖을 먹여 기르는 동물
금붕어, 갈치 등	개구리, 도롱뇽 등	뱀, 도마뱀, 거북 등	참새, 비둘기 등	소, 토끼 등

척추동물의 번식 방법

난생	난태생	태생
동물이 알을 낳아 번식하는 방법	알이 어미 몸 안에서 부화해 나오는 번식 방법	동물이 새끼를 낳아 번식하는 방법
물고기, 개구리, 뱀, 새 등	살모사, 방울뱀, 상어, 가오리 등	말, 토끼, 사자 등

"진짜 신기하네요. 배 속에 알을 낳고, 그 속에서 새끼가 알을 깨고 나온다니……."

"그런데 더 신기한 동물들이 있어. 젖을 먹여 새끼를 기르지만 알을 낳는 동물!"

"알을 낳는 포유류라고요?"

"그래, 맞아. 바로 가시두더지와 오리너구리가 그 주인공이지."

"우와! 어떻게 그런 일이 있을 수 있죠? 상상이 안 가요. 알을 낳는 두더지와 너구리라니요."

"그렇지? 이렇게 알을 낳는 포유동물을 보면 아주 먼 옛날에는 포유동물도 알을 낳다가 점점 새끼를 낳는 쪽으로 번식 방법이 변해 왔을 것이라는 추측을 할 수 있어. 바로 진화의 증거라고나 할까?"

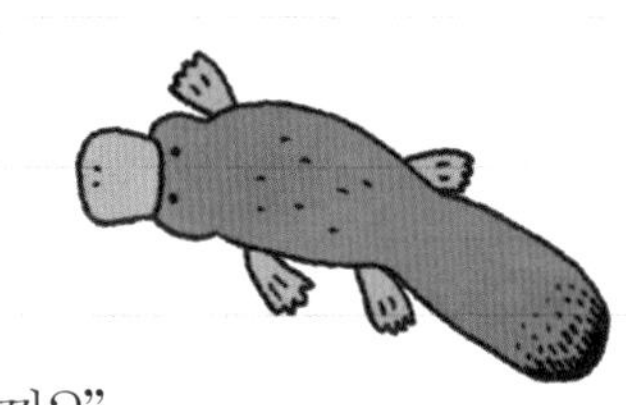

"진화가 누군데요?"

사육사의 품에 안겨 잠자는 아기 사자에 정신이 팔려 있던 후은이 갑작스레 질문을 던졌다.

"진화가 누구냐고?"

사육사와 궁후는 웃음보가 터졌다.

"진화는 내 친구다, 친구! 하하하!"

"하하, 진화는 사람 이름이 아니고 지구에 있는 생물들이 살아가면서 환경에 적응해 가는 과정을 말하는 거야. 찰스 다윈이 바로 진화론을 이야기한 사람이지."

"치, 모를 수도 있지."

후은은 입을 삐죽이며 뾰로통한 목소리로 말했다. 하지만 후은은

찰스 다윈(1809~1882)

영국에서 의사의 아들로 태어나 어린 시절부터 주변의 생물을 수집하고 관찰하는 데 관심이 많았다. 1831년에 배를 타고 남아메리카, 남태평양의 여러 섬(갈라파고스 제도 등)과 오스트레일리아 등을 탐사한 후, 『비글호 항해기』라는 책을 펴내며 진화론의 기초를 세웠다.

이내 작은 원숭이에게 시선이 사로잡혀 사육장으로 다가갔다.

"저기 저 원숭이가 손가락을 빨고 있어요. 저러고 있으니 정말 딱 사람 같네요."

"맞아, 바로 다윈도 원숭이와 인간이 공통 조상을 가졌을 것이라고 생각했지."

"공통 조상이요?"

"음…… 너희 둘, 부모님이 같지?"

"어, 어떻게 아셨어요?"

평소에 서로 달라도 너무 다르다는 소리를 듣고 자라 온 긍후와 후은은 깜짝 놀라 되물었다.

"아, 아니…… 서로 미묘하게 으르렁거리는 모습이 아무래도 가족인 것 같아서. 어때, 내 추리가 정확했니? 하하."

사육사는 머쓱한지 머리를 긁적이며 웃었다.

"맞아요, 이쪽은 우리 오빠……."

"아무튼 너희 둘의 공통 조상은 바로 부모님이라고 할 수 있지. 그러니까 다윈은 원숭이와 인간이 먼 친척쯤 된다고 생각한 것이란다."

"원숭이가 우리 친척이라고요? 말도 안 돼!"

"원숭이도 사람처럼 팔 다리가 길고, 손가락도 길고, 저렇게 젖도 먹고, 많이 닮았잖아."

"하하, 너희 또 으르렁거리는구나."

사육사의 눈에는 긍후와 후은이의 말다툼이 아웅다웅하는 아기 동물들의 모습처럼 귀엽기만 했다.

"아, 오빠! 쥐!"

"맞다! 참, 여기 쥐는 어디 있나요?"

잠에서 깨어난 아기 사자를 우리 안에 막 들여놓고 일어선 사육사에게 긍후가 물었다.

"쥐? 우리 동물원에는 쥐가 없는데……."

"네? 이 동물원에 쥐가 없다고요?"

"그렇죠? 쥐가 있을 리가 없죠? 징그럽고 더러운 쥐를 누

사람과 닮은 원숭이

가 보고 싶어 하겠어요."

아마 종이에 적혀 있던 '쥐도 새도 아닌?'이라는 글귀가 두 오누이의 머릿속에 남아 있지 않았었더라면 이번에도 어김없이 말다툼이 시작되었을 터였다.

"쥐도 아니고 새도 아닌 게 혹시 뭔지 아세요? 이 동물원에 분명히 있는 것일 텐데……. 대체 뭔지 기억이 잘 나지 않아서요."

"쥐도 아니고 새도 아니라고?

잠시 고개를 갸우뚱하며 생각에 잠겨 있던 사육사의 입가에 빙긋이 미소가 돌았다.

"너희들 잠시 이리 따라 들어와 볼래?"

사육사는 구석진 곳에 위치한 네모난 문 손잡이를 돌리며 공후와 후은에게 말했다.

"어, 여기 그 동물이 있어요?"

바로 지금이 그 어려운 수수께끼의 정답을 알게 되는 순간이기를 기대하며 둘은 사육사를 따라 문 안으로 들어섰다. 그러나! 그곳에는 동물이 단 한 마리도 보이지 않았다. 컴퓨터를 이고 있는 낡은 책상과 서류 더미들, 그리고 기다란 캐비닛이 하나 놓여 있을 뿐이었다. 컴퓨터에 연결된 스피커에서는 언젠가 학교에서 들어 본 듯한 노래가 흘러나오고 있었다.

'네모난 오디오, 네모난 컴퓨터, 네모난 달력에 그려진 똑같은 하

루를…….'

공교롭게도 그 노래는 방 안의 풍경과 아주 잘 어울리는 것 같았다. 네모난 문 안에 펼쳐진 온통 네모난 것들로 들어찬 방. 게다가 노래는 오늘이 여느 날과 똑같은 네모난 달력에 그려진 하루이기를 바랐던 궁후와 후은의 마음까지 담고 있었다.

사육사는 어디선가 작은 의자를 두 개 꺼내어 책상 앞에 내려놓더니 둘에게 앉기를 권했다. 그러고는 책상 위에 두꺼운 사각 코르크판 두 장과 핀, 고무줄이 잔뜩 담긴 사각 플라스틱 통을 꺼내 놓았다.

"자, 지금부터 쥐도 아니고 새도 아닌 동물을 함께 찾아보자!"

사육사의 목소리에는 모험과 신비의 세계로 떠나는 듯 에너지가 가득 담겨 있었지만, 사실 둘은 어안이 벙벙한 상태로 얼결에 지시를 따르고 있을 뿐이었다.

"첫 번째 문제, 쥐는 다리가 몇 개일까?"

"두 개?"

"땡! 만화영화를 너무 많이 보셨군요."

"아, 네 개!"

"딩동댕! 그렇다면 새 다리는 몇 개일까?"

"두 개요!"

"그렇죠! 자, 그렇다면 쥐도 새도 아닌 동물은 다리가…… 2 더하기 2!"

"2 더하기 2는…… 네 개요?"

"어, 답을 알고 계시는 거죠? 무슨 동물이에요?"

한동안 말이 없던 긍후가 번쩍 정신이 난 듯 사육사를 향해 소리치며 물었다. 사육사는 대답 대신 코르크판과 핀을 긍후와 후은 앞으로 떠밀었다. 그리고는 검지와 중지를 편 손을 위아래로 움직이며 핀 꽂는 시늉을 했다.

"핀 네 개를 위아래에 두 개씩 꽂은 다음, 이 네 개의 핀에 모두 걸리게 고무줄을 하나 걸어 보세요. 무슨 도형이 생길까?"

"사각형이요."

평소에도 선생님의 질문에 대답을 잘 하는 후은은 마치 교실에 앉아 있는 듯 제깍 대답했다. 긍후는 답을 알려 주지 않고 점점 더 아

리송하게 만들고 있는 사육사의 태도가 불쾌했으나 별수 없겠다 싶어 뾰로통한 얼굴을 하고도 두 손은 지시에 따라 움직였다.

"좋아요! 이쪽은 위쪽 두 개의 핀과 아래쪽 두 개의 핀 사이 거리가 비슷해서 세로로 긴 직사각형이 나왔고, 이쪽은 위쪽 두 개의 핀 사이의 거리보다 아래쪽 두 개의 핀 사이 거리가 멀어서 사다리꼴이 나왔네. 둘 다 사각형, 좋아!"

사육사는 핀과 고무줄을 몇 개씩 더 꺼내면서 말을 이었다.

"이제 각 사각형의 네 꼭짓점에서 시작해 위로 두 개, 아래로 두 개 모두 네 개 핀을 더 꽂아 다리를 네 개 만들어 보세요."

"야, 넌 동물을 만들라고 했더니 널 만들고 있냐? 킥킥."

몰입하다 보니 어느새 표정이 풀린 궁후가 키득거리며 후은에게

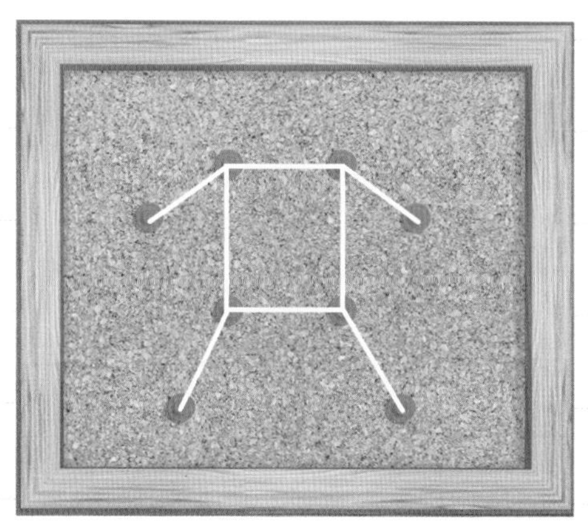

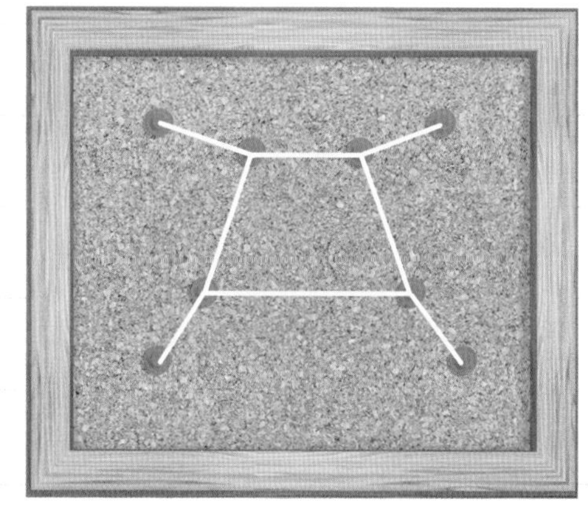

사각형의 종류와 특징

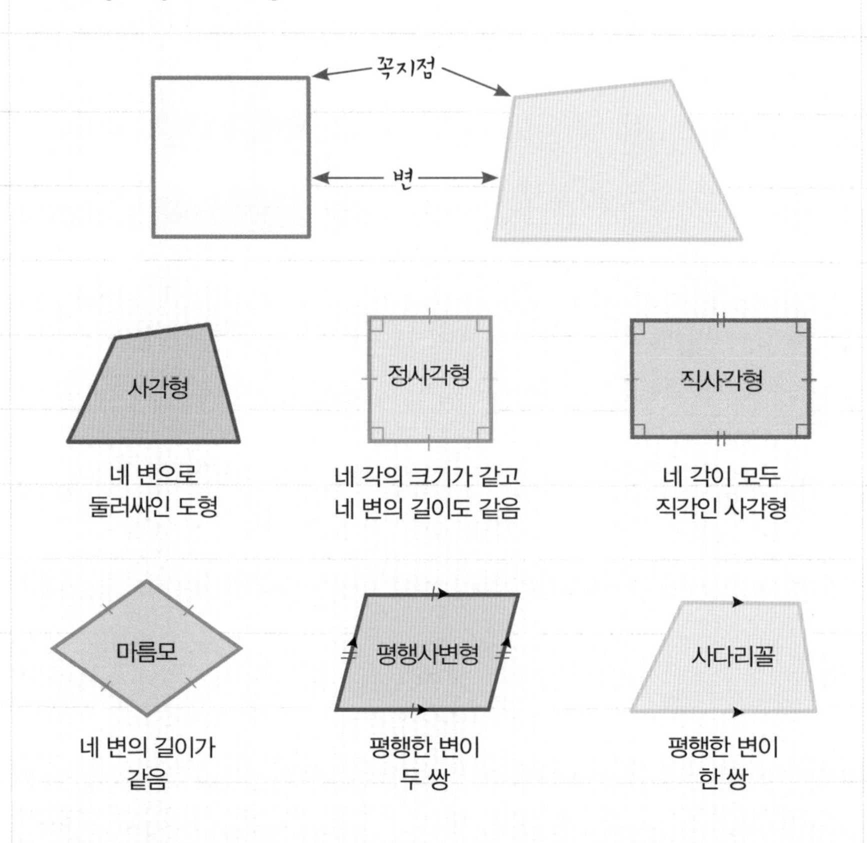

사각형이란 네 개의 선으로 둘러싸인 도형으로, 변과 꼭짓점이 각각 네 개씩 있다. 사각형 중에서 마주보는 한 쌍의 변이 평행한 사각형을 사다리꼴이라고 하며, 마주보는 두 쌍의 변이 평행한 사각형은 평행사변형이라고 한다. 그리고 네 변의 길이가 모두 같은 사각형을 마름모, 네 각의 크기가 모두 같은 사각형을 직사각형이라 한다. 또, 네 변의 길이가 같고 네 각의 크기도 같은 사각형은 정사각형이라 한다. 사각형은 건물, 책, 책상, 국기 등 생활 속에서 쉽게 찾아볼 수 있다.

일침을 가했다.

"치, 오빠는 엎어진 개구리 같은데 뭘!"

후은도 질세라 되받아쳤다.

"여기서 잠깐! 이 동물은 새일까요?"

"무슨 소리예요! 다리 넷 달린 새가 어디 있어요?"

서로를 향하던 날이 순식간에 사육사를 향했다.

"워워, 열 식히고 이야기 한번 들어 봐. 옛날 어느 숲속 마을에 날짐승 대 길짐승의 싸움이 벌어졌는데, 바로 이 동물은 '난 네 다리가 있으니 길짐승이야', '난 두 날개가 있으니 날짐승이야' 하며 어느 편에도 참가하지 않았대."

"네 다리에 날개가 있다고요?"

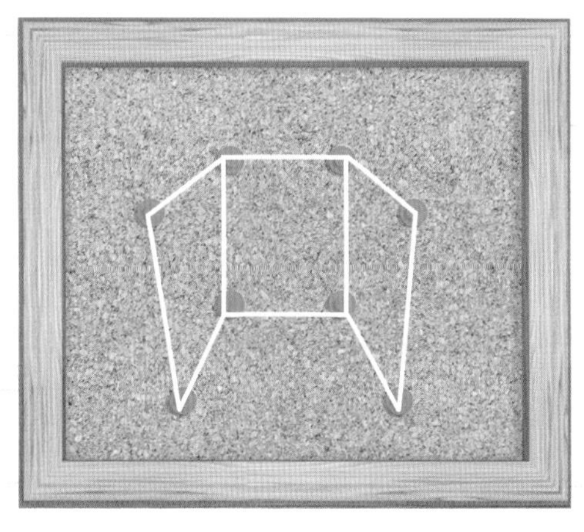

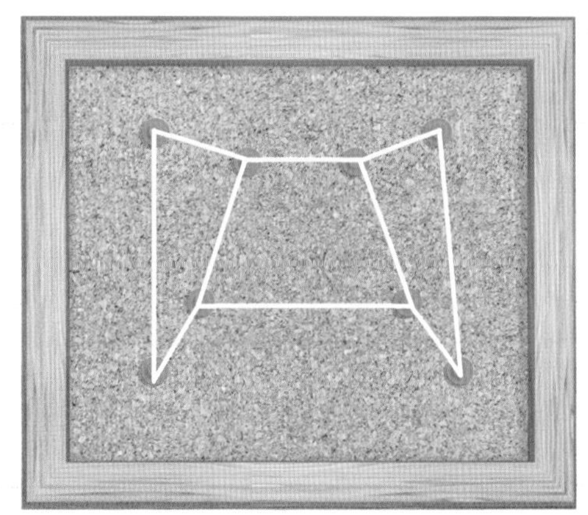

"이제 위에 있는 두 다리의 양쪽 끝에서 아래 두 다리의 양쪽 끝으로 고무줄을 하나씩 각각 연결해 보자."

"에이, 이게 뭐예요. 그냥 나란히 이어진 사각형 세 개네요 뭘."

"어! 오빠, 이 위로 이렇게 얼굴이 있다고 상상해 봐. 슈퍼맨? 망토 두른 사람 같은데? 흐흐."

"빙고! 사실 이 동물의 날개는 앞다리의 발가락과 뒷다리의 발가락 사이의 피부가 얇게 늘어난 거래. 그러니까 일종의 망토 맞네, 피부 망토! 자, 여기를 봐."

사육사의 손가락을 따라 궁후와 후은은 고개를 돌렸다. 하얀 벽면의 가운데쯤 푸르스름한 빛이 감돌더니 그림이 생겼다.

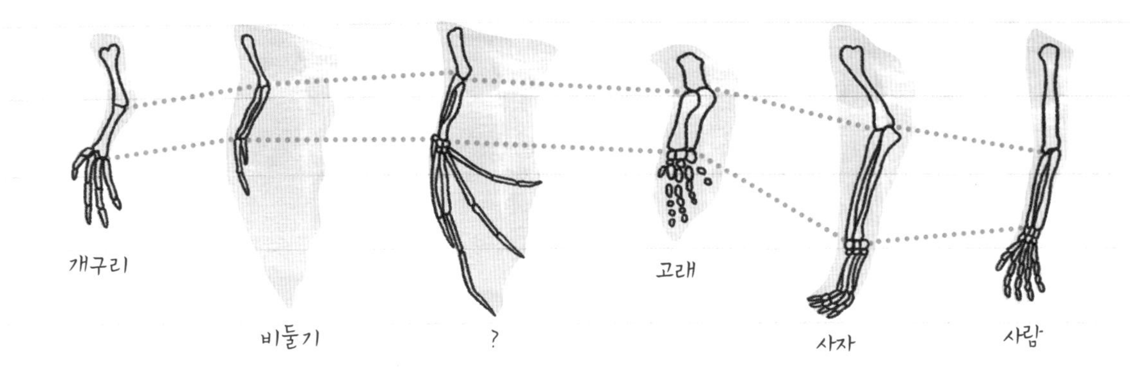

"우와!"

"자, 여기 왼쪽에서 두 번째가 비둘기의 날개이고, 세 번째가 바로 이 동물의 날개야. 발가락이 좀 길고 그 사이 사이가 연결되어 있기는 하지만 어때, 전체적인 모양은 제법 비슷하지?"

"어, 저기 저 오른쪽 끝은 사람 팔이랑 손가락인 것 같은데요?"

"그래, 맞아. 이건 척추동물들의 앞다리 형태가 서로 닮았다는 것을 보여 주는 그림이야. 사람 팔 옆에 있는 것은 사자의 앞다리이고, 그 옆은 고래의 가슴지느러미란다. 참, 제일 왼쪽 끝은 개구리의 앞다리이고."

"왼쪽에서 두 번째랑 세 번째 날개 모양이 서로 닮았다는 것은 알겠는데, 나머지는 대체 뭐가 닮았다는 거예요? 크기도 제각각이고 손가락? 아니 발가락인가? 아무튼 그 개수도 서로 다른데요."

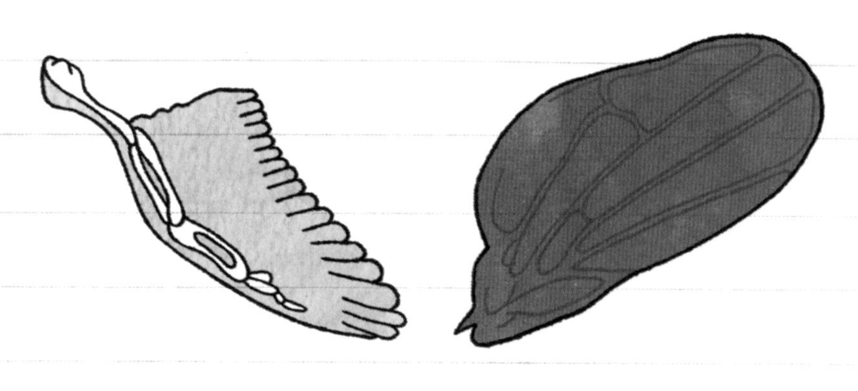

새의 날개와 곤충의 날개

"음…… 그럼 이 그림을 한번 볼래? 새의 날개와 곤충의 날개란다. 이 둘은 어때, 비슷하니?"

"둘 다 날개니까 비슷하겠죠. 어, 그런데 새 날개에는 뼈가 보이는데 곤충 날개에는 뼈가 없나 봐요?"

"그래, 바로 뼈의 모습에 주의해서 먼저 그림을 다시 한번 살펴보렴. 뼈의 길이나 두께는 모두 다르지만 구조가 같다는 것을 알 수 있을 거야."

"아, 그렇네요. 뼈 구조는 비슷……, 아니 같아 보이네요."

"이렇게 동일한 뼈 구조는 이들이 모두 공통 조상을 가졌기 때문이라고 추측하고 있어. 이렇게 해부학적 구조와 발생 기원이 같은 기관을 '상동기관'이라고 하는데 이것이 아까 얘기했던 다윈의 진화론을 지지하는 한 가지 근거가 되고 있지."

"그럼 아까 곤충 날개는 새 날개랑은 무슨 관계인 거예요?"

"곤충 날개와 새 날개는 형태나 기능은 비슷하지만 구조가 다른 것으로 보아 공통 조상으로부터 갈라진 것으로 보기 어렵기 때문에 이 둘은 '상사기관'이라고 부른단다."

"상동기관, 상사기관?"

생소한 두 단어의 등장에 긍후와 후은의 표정이 점점 어두워지고 있었다.

상동기관(相同器官)	상사기관(相似器官)
다양한 생물들의 기관이 형태나 기능은 서로 다르지만, 그 기원과 해부학적 구조가 같은 경우	기원이 서로 다른 생물의 기관이 겉보기에 형태나 기능은 비슷한 경우

"아이고 미안. 내가 너무 어렵게 설명을 했구나. 그러니까 처음에 봤던 개구리 앞다리, 비둘기와 그 동물의 날개, 고래의 가슴지느러미, 사자의 앞다리, 사람의 팔은 모두 앞다리가 변한 것이기 때문에 원래 서로 같은 기관이었다고 해서, 상동(서로 相, 같을 同)기관이라고 하지. 두 번째 봤던 새와 곤충의 날개는 서로 겉모습이나 하는 일이 비슷하지만 새는 앞다리, 곤충은 껍데기의 일부가 변해서 날개가 된 것이므로 서로 다른 기관이 결과적으로는 비슷한 기관으로 변했

다고 해서, 상사(서로 相, 닮을 似)기관이라고 한다는 거야."

"아, '같은 기관이냐, 닮은 기관이냐'라는 얘기군요."

"에이, 그렇게나 간단한 것이 이름은 왜 이렇게 어렵대요."

고개를 끄덕이는 궁후와 툴툴거리는 후은에게 사육사는 두 손으로 안경을 만들어 눈에 가져다 대고서 물었다.

"자, 그럼 이제 알겠니? 쥐도 새도 아닌 동물, 다리가 넷이고 날개가 둘인 이 동물, 망토를 두른 것 같은 이 동물이 무엇인지?"

"어, 배트맨!"

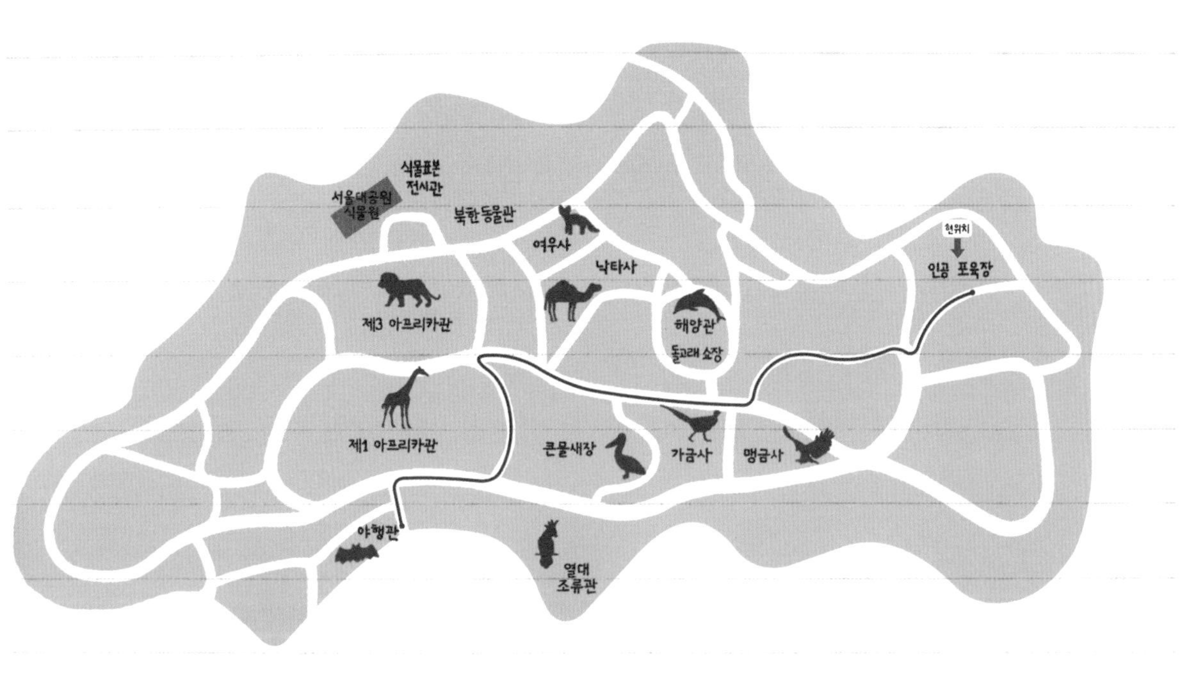

어려운 단어들에 잠시 기가 죽어 있던 후은이 사육사의 손짓을 대번에 알아채고는 큰 소리로 외쳤다.

"박쥐요, 박쥐!"

"딩동댕동!"

"그럼, 박쥐를 만나려면 어디로 가야 해요?"

"박쥐를 만나려면? 길짐승 편도 날짐승 편도 들지 않았던 박쥐는 두 편의 싸움이 끝나고 양쪽 편 그 어느 짐승에게도 환영받지 못해 동굴로 숨어들었다지 아마."

"아니, 여기 동물원에는 박쥐가 없어요?"

"아, 여기? 있지! 야행관."

궁후와 후은은 재빨리 동물원 지도를 꺼내 야행관과 인공 포육장의 위치를 살폈다.

"아까 있던 가금사에서 가는 게 훨씬 가깝잖아? 오빠 때문에 너무 멀리 왔잖아!"

"그래도 내 덕분에 어디로 가야 하는지 알았잖아! 휴우, 그런데 멀긴 머네."

"걱정 마. 인공 포육장을 나가면 바로 앞에서 무료 순환 버스를 탈 수 있거든. 야행관 바로 맞은편 10번 정류장에서 내리면 돼. 금방 도착할 거야."

사육사의 말이 끝나기가 무섭게 둘은 네모난 문을 박차고 인공 포육장 밖으로 뛰어나갔다.

"감사합니다."

둘의 닮은 듯 다른 목소리가 메아리처럼 울렸다.

순환 버스에 탑승하자마자 앨범을 다시 꺼낸 궁후는 2012년 9월 19일의 사진을 들여다보다가 무릎을 쳤다.

"아, 왜 진작 몰랐지? 깜깜한 사진이 잘못된 사진이라고만 생각했어. 동물원의 깜깜한 곳을 알려 주는 사진이었던 건데 말이야."

"너무 자책하지 마. 다음 번엔 좀 더 주의 깊게 살펴보면 되지."

사육사의 말대로 순환 버스는 긍후와 후은을 금방 야행관 앞까지 데려다주었다.

"저기다!"

"쥐도 새도 아닌 바로 너, 박쥐를 찾느라 우리가 얼마나 힘들었는지 아니? 아이고."

애타게 찾던 박쥐와 상봉한 둘은 나뭇가지에 달린 사과에 매달려

열심히 작은 입을 오물대는 이집트 과일박쥐를 바라보며 실없이 웃음을 흘렸다. 그때였다. 휘익! 그들의 눈앞으로 쥐도 새도 아닌 또 다른 동물, 날다람쥐가 스쳐 지나갔다. 그리고 툭, 바닥으로 종이 한 장이 떨어졌다.

긍후와 후은은 심상치 않은 예감을 온몸으로 느끼며 떨어진 종이를 주워 들고 재빨리 야행관을 나섰다.

퀴즈 2

젖을 먹여 새끼를 기르지만 알을 낳는 동물은?

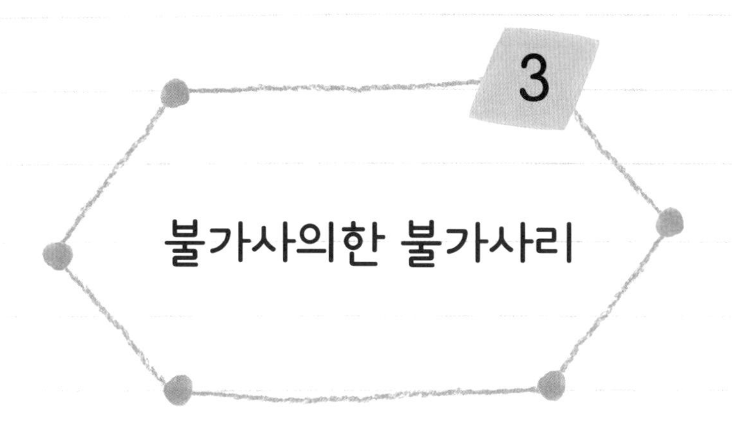

3 불가사의한 불가사리

궁후와 후은이 야행관에서 가지고 나온 종이에는 다행히도 암호 같은 숫자나 알쏭달쏭한 문자는 적혀 있지 않았다. 그저 평범한 햄버거 가게 광고 전단지 같았다.

"서울 동물원 스낵 코너에서 찍은 추억의 사진을 가져오면 햄버거 세트가 공짜?"

구겨진 광고지에 적힌 글자를 읽어 가던 둘의 눈에서 반짝 빛이 났다. 그리고 서로를 향한 간절한 눈빛에 회답이라도 하듯 배는 입을 모아 합창을 했다.

꼬륵 꼬륵 꼬르르르륵.

궁후는 얼른 앨범을 펼쳤다. 어렸을 때부터 워낙 서울 동물원을

자주 찾았던 터라 분명 스낵 코너에서 찍은 사진도 여러 장 있을 것이 틀림없었다.

"오빠, 이왕 찾는 거 5년 전 사진을 찾아야지. 깜짝 선물도 준다잖아."

"5년 전이면…… 지금이 2018년이니까, 2017, 2016, 2015, 2014, 2013년이네. 그러면 좀 더 앞으로 넘겨서……."

"여기 있다!"

후은이 입을 짜악 벌리고 얼굴만큼이나 큰 햄버거를 베어 물기 직전에 찍은 사진이었다. 바로 옆에는 감자튀김을 먹고 있는 궁후의 사진도 있었다. 동그랗게 벌린 입 주변에는 케첩 꽃이 피어 있었다.

"이거면 오케이!"

다시 한번 사진 아래 찍힌 촬영 연도가 2013년인 것을 확인한 궁후와 후은은 광고지를 앨범 사이에 끼워 넣고는, 순환 버스를 타고 오는 길에 본 동물원 스낵 코너를 향해 냅다 달렸다. 토스트 하나로 아침을 대신하고, 드넓은 동물원의 절반 이상을 땀나도록 걸었으니 배가 고픈 것은 당연한 일이었다.

"주문하실 분!"

광고 덕분일까? 아니면 모두들 배고플 점심시간의 일반적인 모습인 걸까? 스낵 코너는 어마어마한 인파로 북적였다. 둘은 '꼬륵 꼬륵 꼬르르르' 멈추지 않는 배꼽시계를 움켜잡고 순서를 기다렸다.

"주문하시겠어요?"

드디어 둘의 차례가 됐다. 궁후는 광고지와 함께 앨범에 꽂힌 사진 두 장을 내밀었다.

"아, 이 이벤트요. 이쪽으로 오시겠어요?"

카운터에서 주문을 받던 점원은 이벤트실이라는 푯말이 걸린 방으로 안내했다. 둘 다 어리둥절한 표정을 짓자 점원이 얼른 말을 이었다.

“제가 여기서 일한 지 얼마 되지 않아서요. 저희 점장님이 손님들께서 가져온 사진이 저희 매장에서 찍은 게 맞는지 확인해 주실 거예요. 그리고…….”

다른 손님들이 주문하는 소리와 수다 소리에 점원의 말을 끝까지 들을 수는 없었지만 아무튼 사진을 다시 확인해야 한다는 것은 제대로 알아들은 듯했다.

똑똑똑.

“점장님, 이벤트 손님 오셨습니다.”

이벤트를 시작한 지 얼마 되지 않은 것인지, 아니면 대부분 사람들이 스낵 코너에서 사진을 찍은 적이 없는 것인지 이벤트실에는 점장을 제외하고는 아무도 없었다. 방금 전까지 있었던 카운터 앞과는 분위기가 달라도 너무 달랐다.

점원의 안내에 따라 이벤트실에 들어온 궁후와 후은은 어느새 점장과 같은 테이블에 앉아 이야기를 나누고 있었다.

“우리 가게 이벤트에 참여하신다고요.”

“네, 여기…….”

궁후는 다시 한번 광고지와 함께 앨범에 꽂힌 사진 두 장을 내밀었다.

"음…… 어디 한번 살펴봅시다."

잠깐의 침묵이 배고픈 둘에게는 꽤나 길게 느껴졌다.

"혹시 무슨 문제가 있나요?"

참지 못한 후은이 물었다.

"아, 예, 그게…… 혹시 다른 사진은 없으십니까? 이 두 장의 사진 모두 워낙 얼굴만 크게 나오고 배경이 잘 드러나지 않아 저희 매장이 맞는지 확인하기가 좀 어렵습니다."

"아마도 여기가 맞을 텐데……."

"걱정 마세요. 아마 이 사진 말고도 많을 거예요. 한번 살펴보세요."

궁후의 목소리를 누르고 후은이 자신 있게 말하며 앨범을 점장 쪽으로 한 뼘 더 밀었다.

점장은 앞뒤로 앨범을 뒤적였다.

"어라, 이 사진이 있네!"

점장의 눈을 멈추게 한 사진 속에는 둥그런 테이블 위로 펼쳐진 건빵 봉지, 건빵을 입 안 가득 물어 붕어가 된 궁후와 별사탕을 혓바닥이 올리고 V자를 그리고 있는 후은이 있었다.

"이상한데…… 여기가 아닌 것 같은데요?"

"그러게요. 무슨 햄버거 가게에서 건빵을 팔아요."

"아냐. 여기 뒤쪽을 보렴."

무언가에 흥분한 듯 어느새 말을 낮춘 점장은 자그마한 햄버거 세트 광고지를 가리켰다. 긍후와 후은이 앉아 있던 테이블 뒤편 벽에 붙어 있던 모양이었다.

"그런데 왜 저희가 여기서 건빵을 먹고 있어요?"

"여기 봐라. 맞네! 2013년 10월 1일."

"10월 1일?"

"10월 1일이 무슨 날인지 모르는구나."

"10월이면…… 한글날인가?"

"에이, 한글날은 10월 9일이지. 10월 1일이면 개천절 아니야?"

"한글날, 개천절 모두 10월에 있기는 하지만 10월 1일은 아니란다. 10월 1일은 국군의 날이지."

"국군의 날이요?"

"이상하다. 10월에는 개천절에 쉬고, 한글날에 쉰 것 같은데. 또 쉰 적이 있나?"

"하하하. 쉬는 날이 아니라 기억을 못 하는 게냐? 나 어렸을 때는 국군의 날도 공휴일이었는데 1991년부터는 공휴일에서 제외되었지."

"에이, 아깝다. 노는 날이 하루 줄다니!"

"그런데 국군의 날이랑 건빵이랑 무슨 관계가 있어요?"

"건빵은 군인들의 비상식량이거든. 군대에서 나눠 주는 건빵이야 말로 건빵의 대명사지."

"그래요?"

"그날, 이 사진 속에서 너희가 먹었던 건빵이 바로 그 건빵이야. 그 당시에 군대에 가 있던 우리 아들이 마침 건빵을 많이 가져왔길래 국군의 날 이벤트를 했어."

"그러고 보니 슈퍼에서 사 먹는 건빵보다 크기가 더 컸던 기억이 나요. 진짜 고소했는데……."

"맞아, 기억하는구나."

건빵 사진으로 시작된 국군의 날 이야기에 이벤트실에는 하하하, 낄낄낄 웃음소리가 오갔다.

"애들아, 혹시 사진을 좀 더 봐도 될까?"

"네, 뭐……."

꼬르르르르르르륵!

궁후와 후은의 대답보다 꼬르륵 소리가 더 크게 울렸다.

"아이코! 우리 꼬마 손님들에게 큰 실례를 저지를 뻔했네."

점장은 탁자 위에 있는 전화기 버튼을 몇 개 누르더니 이렇게 말했다.

"여기 이벤트실인데, 꼬마 손님들 몫으로 지금 바로 햄버거 세트 두 개 부탁해."

'휴우, 이제 좀 살겠네.'

점장의 말을 듣고 같은 생각을 한 둘은 서로 마주 보며 눈빛을 공유했다.

"오, 이건 어디 수족관에서 찍은 사진인가 보구나. 불가사리, 해파리 사진도 있네."

"네, 그건 아마도 부산 아쿠아리움인 것 같아요."

"이야, 여기 성게도 있구나!"

점장은 바다 속 생물 사진에 특히 관심을 보이며 찬찬히 사진을 구경했다. 긍후와 후은은 기운이 빠져 반쯤 넋이 나간 표정으로 점장을 물끄러미 바라보고 있었다.

똑똑똑.

둘은 약속이나 한 듯 동시에 문을 향해 고개를 돌렸다. 고소한 감자튀김 냄새가 점원보다 먼저 테이블 앞에 도착했다.

"여기 햄버거 세트 두 개 준비됐습니다. 그리고 여기 따뜻한 커피도 한 잔 가져왔습니다, 점장님."

"아, 고마워요."

점장은 점원을 향해 살짝 고개를 끄덕이더니 이내 사진 구경에 빠져들었다. 둘은 포장을 뜯어 막 햄버거를 입에 넣으려다 점장의 눈

치를 살폈다. '식사 자리에서는 항상 어른이 먼저 식사를 시작한 다음에 수저를 드는 거야'라는 아빠의 말씀이 불현듯 떠오른 까닭이었다. 둘의 간절한 눈빛이 전해졌는지 다행히도 점장은 고개를 들고 손짓하며 말했다.

"배고팠을 텐데 맛있게 먹어라."

둘은 허겁지겁 햄버거를 크게 한 입 베어 물었다. 살살 녹는 치즈와 아삭한 양상추, 부드러운 소고기 패티가 따스하고 폭신한 빵과

한데 어우러져 지친 몸과 마음을 사르르 녹였다.

"점장님."

"아저씨."

우적우적 베어 먹은 햄버거 몇 입으로 허기가 가신 둘은 약속이나 한 듯 동시에 입을 열었다.

"야, 아저씨가 뭐야. 점장님이지."

긍후는 어깨로 후은을 찌르며 핀잔을 줬다.

"껄껄, 괜찮아. 아저씨 맞지 뭐, 아저씨."

점장은 아무렴 어떤가 하며 손사래를 쳤다.

"그것 봐, 괜찮다 하시잖아."

입 밖으로 혓바닥을 쑤욱 내민 후은이 말을 이었다.

"아저씨, 그런데 저희 사진 구경이 뭐가 그렇게 재미있으세요? 딱히 웃긴 사진도 없고, 다 그저 그런 사진일 텐데 말예요."

"응, 실은 내가 요즘 바닷속 생물에 관심이 있어서 말이야. 너희 앨범에 바다 생물 사진이 많아 유심히 보고 있었지."

"바다 생물이라면 물고기 말이에요?"

"응, 물고기도 좋고 특히 말미잘, 해파리, 불가사리 등의 강장동물이나 극피동물에도 관심이 많단다."

"강장동물?"

"극피동물이요?"

"해파리처럼 속이 비어 있는 동물을 강장동물, 불가사리처럼 특이한 피부를 가진 동물을 극피동물이라고 한단다."

바다 생물의 종류에 대한 설명이 이어지는 동안 긍후와 후은은 햄버거와 감자튀김을 조금도 남김없이 게 눈 감추듯 먹어치웠다.

"속이 빈 동물을 강장동물이라 한다니, 속 빈 강정이 생각나는데요?"

"하하하, 그렇네. 강정, 강장동물!"

재치 있는 후은의 한마디에 셋은 한바탕 웃음꽃을 피웠다.

"너희 다 먹었으면 이쪽으로 한번 와 볼래?"

점장은 긍후와 후은을 책상 뒤편으로 안내했다.

"우리 동물원에 여러 가지 종류의 동물이 많이 있는데, 이 동물은 눈을 씻고 찾아보아도 안 보인단 말이지. 그래서 내가 우리 가게에 모두가 깜짝 놀랄 만한 대박 이벤트를 준비하고 있어. 짜잔!"

"동물원에 찾아온 수족관?"

"우와!"

눈앞에는 정말 믿기 힘든 광경이 펼쳐져 있었다. 이곳 동물원에는 맹수사, 소 동물관을 비롯해서 총 27개의 동물관이 있었다. 그중에는 해양관도 있지만 흰곰, 바다사자, 물개와 물범류, 돌고래 등이 전부라 물고기나 불가사리 등은 만날 수 없었다. 그런데 바로 이곳, 서울 동물원 스낵 코너에 수족관이 생기다니!

"까아악! 이 해마 진짜 귀여워요."

"예쁜 물고기들도 많이 있네요."

"어떻게 여기에 수족관을 만들 생각을 하셨어요? 정말 멋져요!"

"맞아요! 진짜 멋져요."

"내가 좋아서 열심히 모으다 보니 이렇게 많아졌어. 그런데 어느 순간 혼자 보기 아깝다는 생각이 들지 뭐냐. 사실 이 중에서도 내가 특히 애정을 가지고 모은 것은 바로 이 녀석들이란다."

점장은 둘의 칭찬이 머쓱한지 머리를 긁적이며 불가사리 수조로 안내했다.

"이건, 아까 얘기했던 불가사리잖아요."

"그 뭐였더라, 강정?"

"강장동물은 해파리지. 불가사리는 극피동물."

"그래, 맞다, 극피동물."

"맞아, 극피동물의 한 종류인 불가사리. 바로 이 불가사리가 참 불가사의한 동물이란다."

"불가사리하다고요?"

"아니, 불 가 사 의."

점장은 말이 끝나기가 무섭게 불가사리 한 마리를 수조에서 꺼내더니 날카로운 칼로 스윽 불가사리의 한쪽 팔을 잘라 내었다.

"꺄아악! 아저씨 왜 그래요?"

후은이 놀라 뒷걸음치며 소리를 질렀다.

"워워워, 놀라지 말고. 꼬마 아가씨, 저 불가사리는 이제 어떻게 될까?"

"어떻게 되다니요. 팔이 잘려 나갔는데 그만 죽고 말겠죠. 아저씨, 나쁜 사람이에요!"

후은은 잔뜩 긴장된 표정으로 쏘아붙였다. 반면에 궁후는 팔이 잘려 나간 불가사리를 손가락으로 툭툭 건드리며 뭐가 그리 재미있는지 키득거리고 있었다.

"킥킥킥."

"오빤, 불가사리가 죽어 가는데 뭐가 그렇게 재미있다는 거야?"

"정답은…… 저 불가사리는 다시 팔이 자라나 잘 살아간다! 맞죠?"

"딩동땡!"

"네? 딩동땡?"

후은은 팔이 다시 자라난다는 궁후의 말에 놀라고, 궁후는 완벽한 정답은 아니라는 듯 점장이 외친 딩동땡에 놀랐다.

'잘린 팔이 다시 자라난다고?'

'불가사리는 재생 능력이 있다고 책에서 분명히 읽었는데!'

"정답은, 불가사리는 두 마리가 된다는 거란다."

"잘린 팔이 다시 자라나는 것도 믿기 어려운데 두 마리가 된다니요?"

"두 마리요?"

"우리 친구 말처럼 이쪽에 있는 팔이 잘린 불가사리의 팔도 다시 자라나지만, 여기 잘린 팔 하나에서도 완전한 불가사리 한 마리가 다시 자라날 거야. 그래서 불가사리는 모두 두 마리가 되겠지."

"헉! 정말 믿을 수가 없어요."

후은은 아직도 점장의 설명이 믿기지 않는다는 듯 절레절레 고개를 저었다.

"진짜 불가사의하지?"

"참, 점장님. 얼마 전에 다큐멘터리에서 봤는데 불가사리가 진짜

나쁜 동물이라던데요? 조개며 굴이며 바다 생물들을 죄다 잡아먹는대요."

"진짜? 그럼 잘라도 다시 살아나는 불가사리를 어떻게 없애?"

"그래서 불가사리들을 잡아 올려 땅 위에서 바싹 말려 죽인다고 했어."

"으으윽."

후은은 한 무더기의 불가사리들이 이글이글 뜨거운 햇빛을 받으며 점점 말라가는 장면이 떠올라 몸서리를 쳤다.

"이야, 우리 친구가 정말 잘 알고 있구나. 하지만 사람들이 크게 착각하는 게 있어. 우리나라 바다에서 생물들을 닥치는 대로 잡아먹어 사람들에게 피해를 주는 불가사리는 추운 지역에서 건너온 아무르불가사리뿐이야. 나머지 별불가사리, 빨강불가사리, 거미불가사리 등은 오히려 죽은 바다 생물을 주로 먹기 때문에 바다를 깨끗하게 만들어 주는 이로운 동물이지."

긍후와 후은은 점장이 보여 주는 불가사리를 하나하나 살펴보며 고개를 끄덕였다.

"그런데, 불가사리를 보면 생각나는 도형이 있지 않니?"

"도형이요?"

"별 모양이요!"

후은이 재빨리 대답했다.

"그래, 맞아. 이번에는 불가사리 발끝의 꼭지점을 서로 연결해 보렴. 그럼 어떤 도형이 나올까?"

"여기 있는 불가사리들 모두 다리가 다섯 개니까 하나, 둘……."

"오각형이요!"

이번에도 후은이 앞질러 대답했다. 긍후도 덩달아 고개를 끄덕였다.

"자, 우리 테이블로 돌아가 앉자꾸나."

점장은 서랍에서 뭔가를 꺼내더니 둘 앞에 내려놓았다. 불가사리 모양의 그림이 그려진 두꺼운 종이 두 장, 자, 연필, 가위 등이 담긴

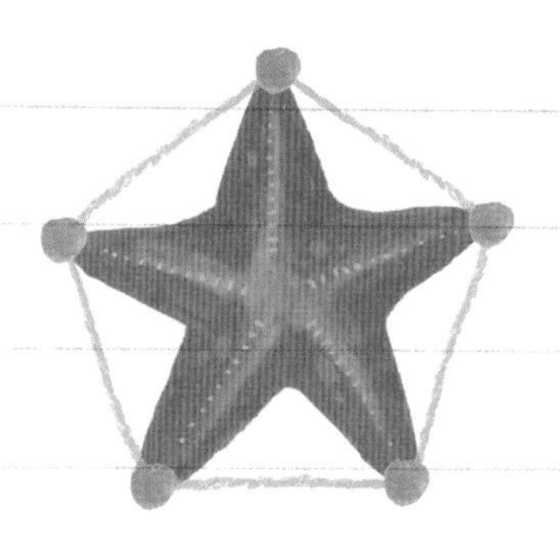

공작 도구 상자였다.

"먼저 가볍게 불가사리 발끝의 꼭지점들을 서로 연결하면 오각형이 맞는지 확인해 보자."

"여기요!"

"다 됐어요."

"그럼, 이번에는 위쪽으로 뻗은 발끝에서 아래쪽으로 뻗은 두 발 사이의 오목 들어간 점까지를 직선으로 연결해 보겠니?"

"이렇게요?"

"오, 잘하는구나! 자, 이 거울을 그 선에 세워 봐."

"제 얼굴밖에 안 보이는데요?"

"거울을 그 선분 위에 수직으로 세워서 그림과 거울을 함께 보면 돼."

"아, 불가사리가 그대로 보여요."

"그렇지, 아마 그 선을 따라 불가사리 모양을 접으면 완전히 겹쳐질 거야. 이런 도형을 선대칭도형이라고 한단다."

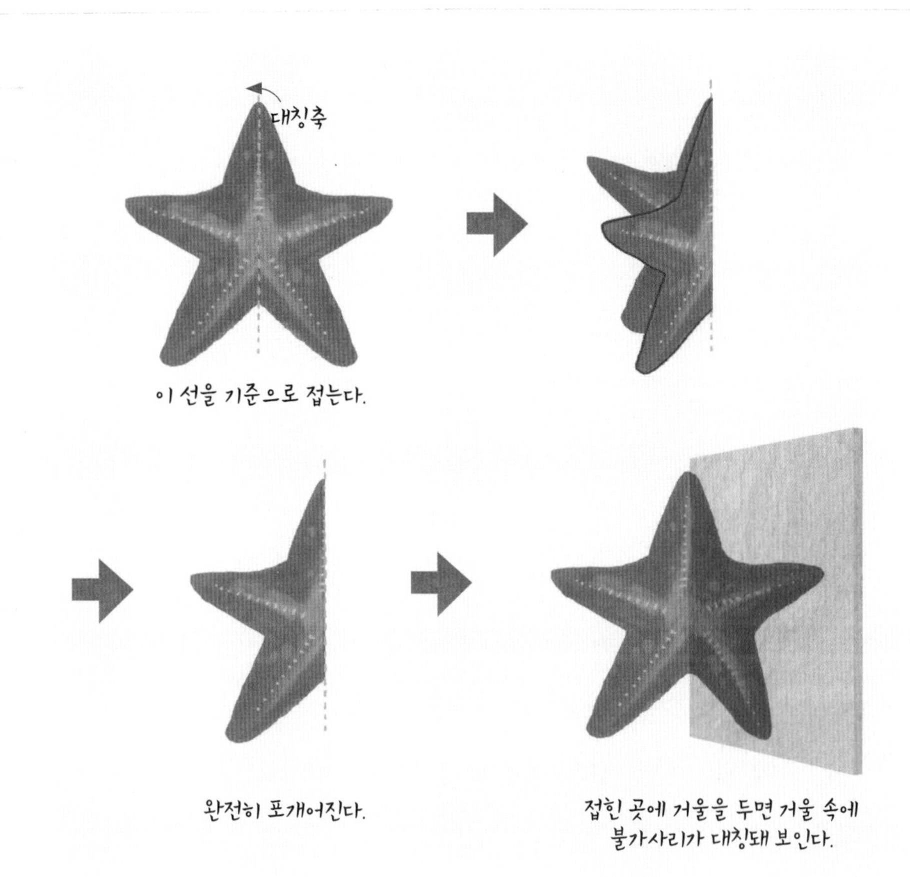

"선대칭도형이요?"

"그래, 그리고 거울을 놓았던 그 선을 선대칭도형의 ★ 대칭축이라고 하지."

"자, 그럼 이번엔 불가사리 그림을 시계 방향으로 살짝 돌려서 방금 전과 같이 위쪽 발끝에

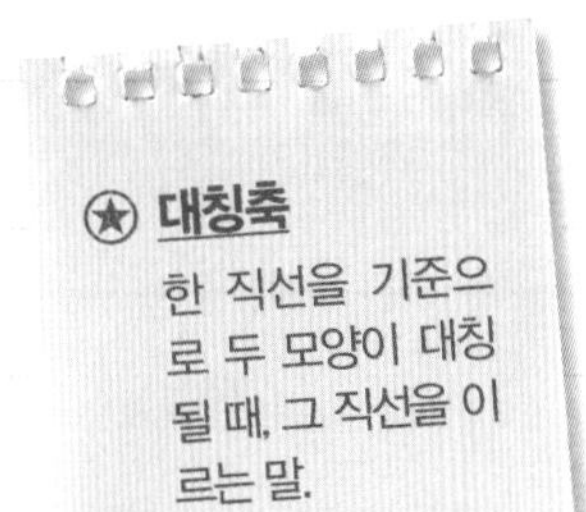

선대칭도형

대칭축을 접는 선으로 해서 접었을 때, 완전히 겹쳐지는 도형

서 아래쪽 두 발 사이의 오목 들어간 점까지 다시 한번 연결해 보렴."

"이렇게요?"

"그래, 잘했어. 그럼 이번에 그은 선도 이 불가사리 모양의 대칭축이라고 할 수 있겠니?"

"음…… 여기에 거울을 이렇게 놓아 보아도 불가사리 모양이 똑같이 완성되니까 대칭축 맞아요."

"그래, 맞다."

"대칭축이 불가사리 발의 개수만큼 나오겠는데요?"

"다섯 개?"

"너희들, 하나를 가르쳐 주면 열을 아는구나! 이렇게 **세 개 이상의 대칭축, 대칭면을 갖는 동물 형태를 방사대칭이라고 한단다.**"

"여기서 깜짝 퀴즈! 원은 대칭축이 몇 개일까요?"

"원이요?"

"잠…… 잠깐만요!"

궁후가 공작 도구 상자에서 컴퍼스를 꺼내 종이 한 귀퉁이에 원을 그리자 후은도 질세라 재빨리 컴퍼스를 꺼내 들었다. 궁후가 원의

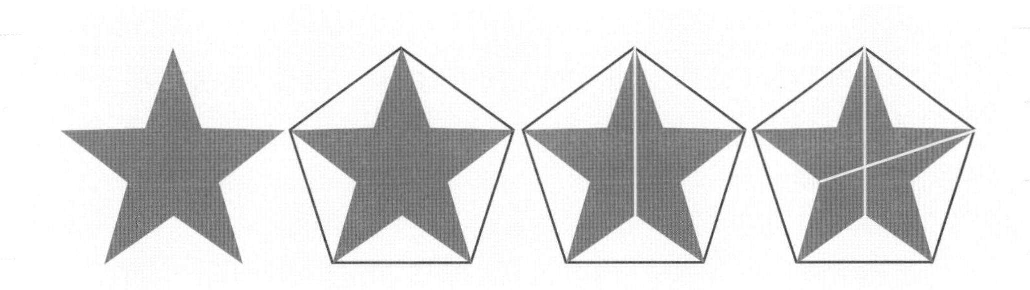

중심점을 지나는 선을 하나둘 그리며 거울을 대어 보고 있을 때, 후은은 가위를 들고 원을 잘라 내더니 뚝딱 반을 접었다. 그러고서 펴고 접는 것을 수차례 반복하던 후은은 이렇게 중얼거렸다.

"어디로 접어도 딱 맞게 포개어지는데 대칭축의 수를 어떻게 헤아린담……."

"어, 그럼 혹시 무한개?"

후은의 혼잣말에 긍후가 용기를 내어 외쳤다.

"정답!"

점장은 작은 해파리 한 마리가 들어 있는 수조를 들고 가까이 다가오며 말을 이었다.

"그래서 이 원형을 닮은 해파리도 무수히 많은 대칭면이 있어 방사대칭 동물이라고 할 수 있단다. 아까 살펴보았던 별 모양의 불가사리도 마찬가지이고."

"진짜 신기해요!"

"그렇지? 우리 스낵 코너 안에 마련된 이 이벤트홀, '동물원에 찾아온 수족관' 진짜 대박 나겠지?"

"네!"

궁후와 후은은 대칭축, 대칭면, 선대칭도형, 방사대칭 등 갑작스러운 폭풍 학습으로 머리가 좀 무거운 듯했지만 동물에 대한 새로운 발견에 들떠 환호와 함께 신나게 손뼉을 쳤다.

똑똑똑.

"점장님."

"네, 잠깐만요."

손뼉 소리 너머로 들려온 노크 소리는 이제 작별의 시간이 왔음을 알렸다. 점장은 펼쳐 놓았던 앨범을 정리하며 말했다.

"우리 멋진 꼬마 손님들, 오늘 이렇게 만나게 돼 다시 한번 반가워요. 다음에 또 동물원에 오면 그때는 완성된 수족관으로 꼭 놀러 오세요, 어이쿠!"

점장은 궁후에게 앨범을 건네주려다 그만 테이블 아래로 앨범을 떨어뜨리고 말았다.

"에그…… 미안, 미안."

점장은 떨어진 앨범을 후후 털어 다시 궁후에게 건넸다. 그리고는 황급히 손사래를 치며 잠깐 기다리라 말하더니 서랍에서 종이 몇 장을 꺼내 들고 다시 다가왔다.

"멋진 사진도 보여 주었는데 내가 고맙고 또 미안해서…… 여기 이건 선물. 사실 선물이라 하기도 뭐 하지만 딱히 줄 만한 게 없구나. 이건 정삼각형, 정사각형 등등의 여러 가지 정다각형 카드란다. 모두 셋 이상의 대칭축을 가진 방사대칭 도형이지. 어, 여기 사진이 한 장 떨어졌네."

점장은 정다각형 카드 종이 몇 장과 함께 테이블 밑에서 사진 한 장을 주워 후은에게 건넸다.

"네, 감사합니다."

"안녕히 계세요."

궁후와 후은은 우연히 날아든 광고지 덕에 배를 든든히 채우고 선물도 가득 받아 즐거운 마음으로 스낵 코너를 나섰다.

퀴즈 3

원의 대칭축은 몇 개일까?

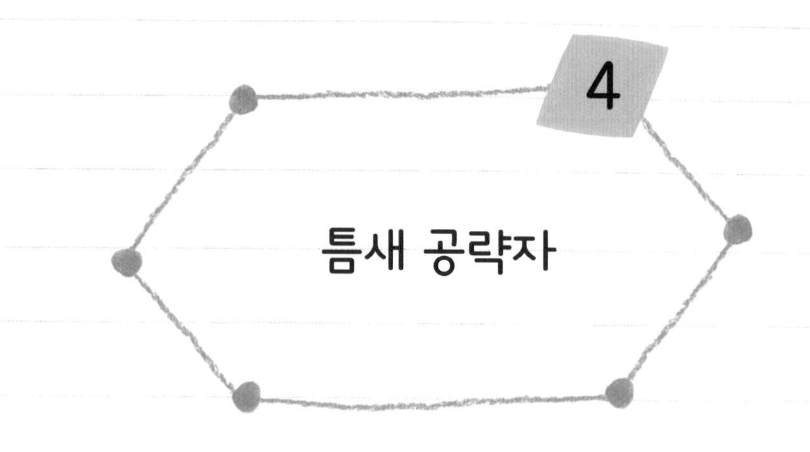

“오빠, 우리 여기 잠깐 앉아서 정리 좀 하고 가자.”

후은은 스낵 코너에서 멀지 않은 벤치에 앉았다. 그러고 나서 사진을 다시 앨범에 꽂아 두려고 사진에 찍혀 있는 날짜를 살피며 말했다.

“어! 오빠, 이거 날짜가 없어. 원래 오른쪽 아래에 찍혀 있는 거 아니야?”

“어, 그러게. 날짜가 없네. 혹시 우리 사진이 아닌가?”

궁후는 후은에게서 사진을 받아 들고 뒤집어 보았다.

“여기, 뭐가 적혀 있는데?”

“나무 위 틈새 공략자를 찾아라?”

나무 위 틈새 공략자를 찾아라!

나무 위에 집을 짓고 사는 이들은 원 형태에 가장 가까우면서도 틈새의 넓이를 최소화한 이 도형의 형태로 빈틈없이 집을 짓는다. 이 도형은 꼭짓점이 ◇개, 변이◇개로 이루어져 있다.

2014.◇.◇.

"이거 엄마 글씨 같은데?"

엄마가 쓴 듯한 내용을 보고 긍후와 후은은 깜짝 놀랐다. 문제는 대체 언제쯤 끝이 나려는지! 엄마, 아빠는 언제쯤 만날 수 있을지! 하지만 스낵 코너에서 받은 깜짝 선물 덕분에 기운이 나서, 얼른 자리를 털고 일어나 나무 위에 집을 짓고 사는 이 동물을 찾기 위해 행동을 개시했다.

"먼저 나무 위에 사는 동물을 찾아야 할 것 같아."

“새? 그리고 음…… 원숭이?”

“그럼 여기서 가까운 조류관부터 가 보자.”

후은과 궁후는 스낵 코너에서 가장 가까운, 동물원에 도착해서 제일 먼저 다녀갔던 열대 조류관을 다시 찾았다. 아까는 새의 발 모양만 유심히 관찰하느라 다른 것들은 눈에 들어오지도 않아서, 아무리 떠올려 봐도 새집이 있었는지는 기억조차 나지 않았다.

“오빠, 여기 아까 봤던 금강앵무야!”

“빨강, 파랑, 초록…… 원색 깃털이 여전히 아름답구나!”

“집이 어디 있지?”

“날아다니는 새들은 보통 나무 위에 집을 짓고 살지 않나?”

“그러게. 지푸라기나 나뭇가지를 모아 나무 위나 처마 밑에 집을 짓고 산다고 배운 것 같은데……. 얘네 집은 아무리 나무 위를 둘러봐도 보이지가 않아.”

새를 위해 사람이 만든 새집

“어, 저기! 저거 아니야?”

“아…… 나무로 만들어진 네모반듯한…….”

“뭐야, 사람이 만들어 준 집이네.”

“여기 이쪽 우리에도 똑같은 집이 있어. 여기도, 여기도…….”

후은은 조류관 안쪽으로 뛰어가면서 우리마다 같은 형태의 집이 있는 것을 확인하고는 힘없이 말했다. 너무나도 당연한 일이었지만 그간 미처 깨닫지 못하고 있던 동물원의 인공적인 사육장 모습에 후은과 궁후는 아쉬움이 잔뜩 섞인 한숨을 내뱉었다.

“후우우……. 이제 어떡하지, 오빠?”

“어떻게 할까? 원숭이 우리를 찾아가 봐도 어차피 같은 결과일 것 같은데……. 아, 아까 사진! 뭐가 찍혔나 다시 한번 살펴보자.”

“사진을 어디다 뒀더라……. 오빠, 여기.”

후은은 앨범 중간 즈음에 임시로 끼워 두었던 사진을 궁후에게 내밀었다.

“오빠랑 내 뒷모습만 나왔는데?”

“이거 봐. 우리 둘 다 위를 올려다보고 있잖아. 분명 이 나무 위에 뭔가 있는 게 확실한데…….”

“어, 그러고 보니 이 나무는 우리 안에 심어진 나무가 아닌 것 같아.”

“음…… 그럼 동물원 길가 어딘가에 있는 나무란 말이야?”

“이렇게 많은 나무 중 어느 것인지 어떻게 안담?”

“그러게…… 어떡하지?”

궁후와 후은은 울상이 됐다. 기운이 쭉 빠진 둘은 털썩 의자에 주

★ 정다각형
변의 길이와 각의 크기가 모두 같은 다각형. 변의 수에 따라 정n각형이라고 부른다.

저앉았다. 툭, 그때 스낵 코너에서 선물로 받았던 ★정다각형 카드 뭉치가 의자 아래로 떨어졌다. 허리를 숙여 카드를 주섬주섬 주워 올리던 긍후가 외쳤다.

"후은아! 우리 한번 만들어 볼까?"

"뭘? 뭘 만들어 본다는 거야?"

"여기 '이 도형의 형태로 빈틈없이 집을 짓는다'라고 적혀 있잖아. 우리한테 마침 여러 가지 도형 카드가 있으니까 한번 만들어 보면 어떨까 해서."

"도형 카드로 집을 만들어 보자고? 음……."

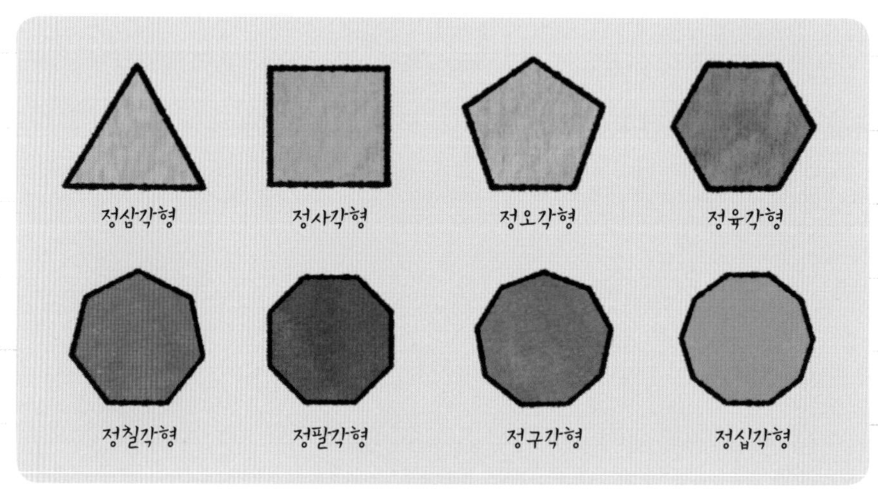

도형 카드에 있는 도형의 종류

후은은 궁후의 제안이 답을 찾아내는 성공적인 방법인지 확신이 가지는 않았지만, 당장 시도해 볼 다른 방법이 떠오르지 않았다.

"그래, 좋아. 한번 해 보자."

궁후가 먼저 정삼각형 카드를 집어 들었다. 후은도 정사각형 카드를 집어 들었다. 정삼각형, 정사각형 모양을 먼저 분리해 내고 다른 종이를 받침 삼아 변과 변, 꼭짓점과 꼭짓점이 서로 맞닿도록 한 장 한 장 늘어놓았다.

"된다!"

궁후와 후은이 동시에 고개를 들며 소리쳤다.

"어? 정삼각형도 돼?"

"응, 빈틈없이 놓을 수 있는데?"

"정사각형도 그래. 뭐, 당연한 거겠지만."

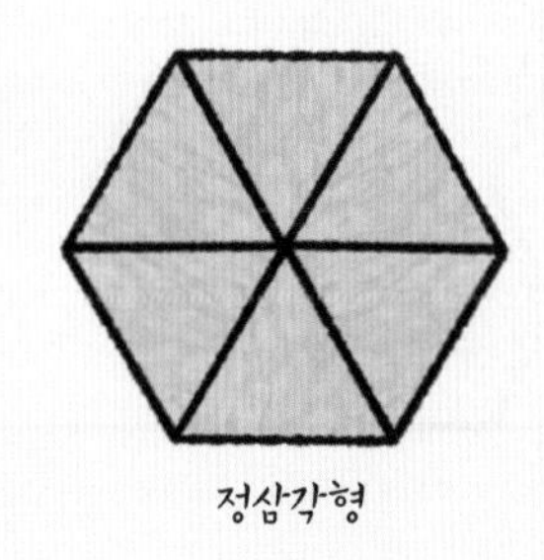

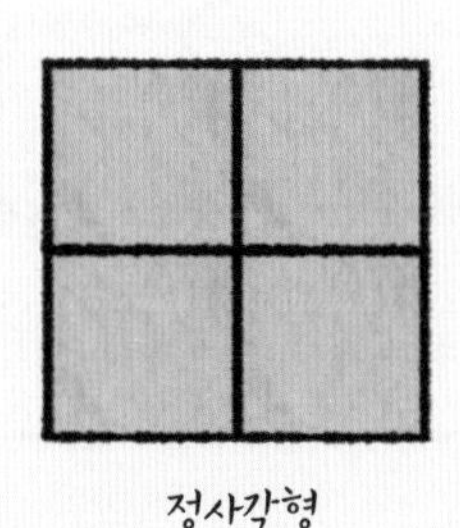

정삼각형과 정사각형 늘어놓기

후은은 바둑판에 그려진 무수한 정사각형을 떠올렸다.

"그럼, 정오각형과 정육각형으로도 한번 해 보자."

"응."

궁후는 정오각형 카드를, 후은은 정육각형 카드를 이전과 마찬가지 방법으로 한 장 한 장 변과 변, 꼭짓점과 꼭짓점이 맞닿도록 늘어놓았다.

"어, 이건 아무래도 안 될 것 같은데?"

정오각형 카드를 늘어놓던 궁후가 고개를 들고 얘기했다.

"오빠, 잠깐만……."

정육각형 카드를 늘어놓고 있던 후은이 궁후의 말소리에 손사래를 치며 카드 늘어놓기에 집중했다.

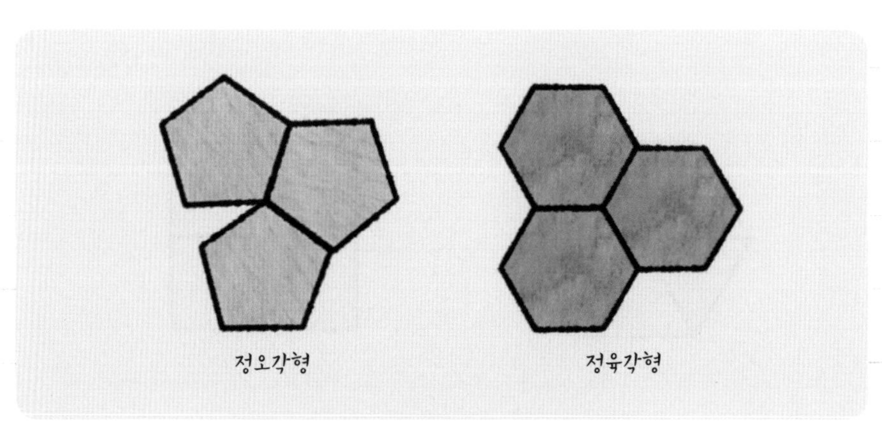

정오각형과 정육각형 늘어놓기

"이거, 정육각형은 되는 것 같아!"

"오, 신기하다! 우리 다른 도형도 더 해 보자!"

둘은 정칠각형과 정팔각형 카드도 마찬가지 방법으로 늘어놓았다.

"안 돼."

긍후와 후은은 이번에도 약속이나 한 듯 동시에 고개를 들고 한숨 쉬며 아쉬워했다.

"나머지는 안 해 봐도 되겠어. 이제 더 나올 수가 없지."

"응? 아직 두 개 남았잖아. 포기하지 말고 끝까지 해 봐야지!"

"해 봐도 안 될 게 뻔해."

"뭐야! 그럼 나 혼자라도 해 볼 거야."

긍후가 늘어놓기를 그만두자 후은은 씩씩거리며 단숨에 정구각형

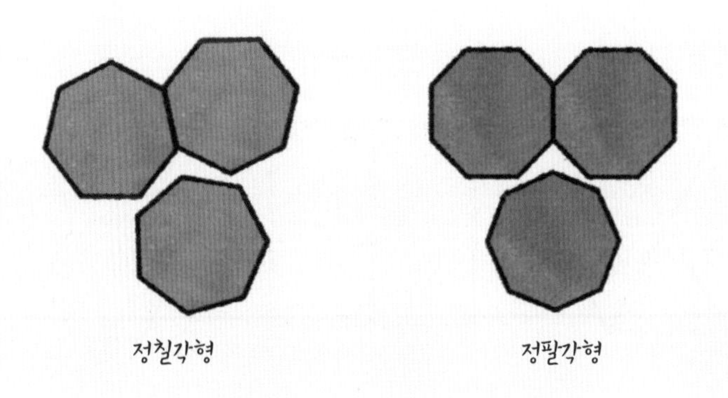

정칠각형과 정팔각형 늘어놓기

과 정십각형을 꺼냈다. 더 이상 도형 조각을 내려놓을 데도 없어 후은은 냉큼 일어나 바닥에 쪼그리고 앉았다. 그리고는 조금 전까지 앉아 있던 벤치에 정구각형과 정십각형 조각을 하나둘 내려놓기 시작했다. 그러나 몇 개 내려놓기도 전에 긍후의 말이 옳았음을 깨달았다.

"오빠는 어떻게 알았어? 해 보기도 전에 말이야."

긍후는 방금 전 후은이 자신의 말에 아랑곳 않고 카드를 뜯어내 기분이 살짝 나쁘기는 했으나, 이내 언짢은 마음을 풀고 코를 높이 세우며 설명했다.

"자, 평면을 빈틈없이 덮는 도형에는 어떤 것들이 있었지?"

"정삼각형, 정사각형, 그리고 정육각형!"

"그래, 이 세 도형들이 놓인 모습을 잘 살펴봐. 각 도형별로 늘어

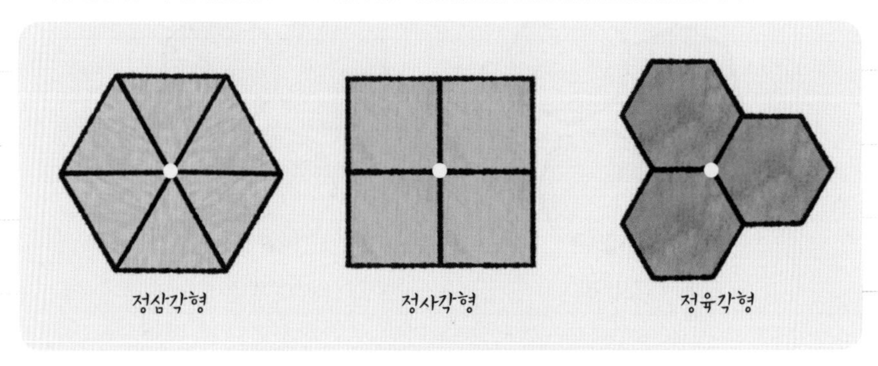

정삼각형, 장사각형, 정육각형 늘어놓기

놓은 모든 도형 조각이 만나는 중앙의 한 점이 있지?"

"응. 그러네."

"그리고 그 점을 중심으로 한 바퀴 원을 그리며 도형들이 빈틈없이 맞닿아 있잖아."

"응."

"그러니까, 한 점을 중심으로 도형을 늘어놓았을 때, 꼭 동그라미 한 바퀴를 꽉 채울 수 있어야 한다는 거야.

"동그라미 한 바퀴?"

"응, 그래서 정오각형은 세 개를 늘어놓고 나니 조금 모자라서 안 되고, 정칠각형, 정팔각형, 정구각형, 정십각형은 모두 두 개를 늘어놓고 남은 공간에 세 개째를 내려놓을 만큼의 여유가 없으니 안 되는 거지."

"어! 그러면 두 개만 늘어놓아도 동그라미 한 바퀴를 채울 수 있는 도형도 있겠네?"

"무슨 소리야?"

"오빠, 생각해 봐. 정삼각형은 여섯 개, 정사각형은 네 개, 정육각형은 세 개를 늘어놓아 동그라미 한 바퀴를 채웠잖아. 그러면 정십일각형, 정십이각형처럼 계속 각이 많은 도형을 늘어놓다 보면, 어떤 도형은 두 개만 늘어놓아도 동그라미 한 바퀴를 채우지 않을까?"

"두 개만 늘어놓아 동그라미 한 바퀴를 채운다고? 그런 도형이 있을까?"

긍후는 후은의 의기양양한 주장에 골똘히 생각에 잠겼다.

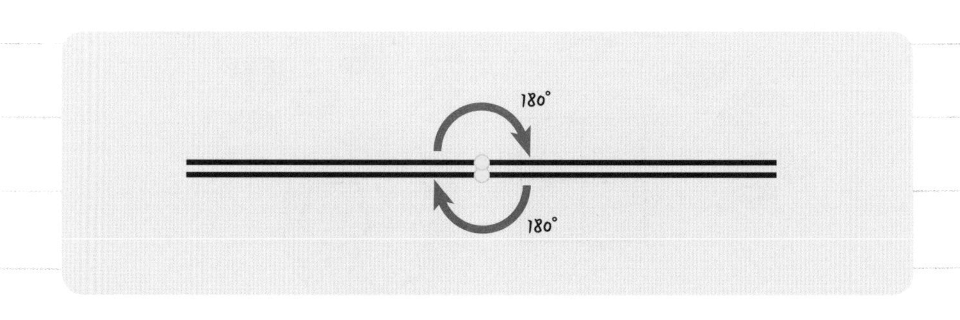

'두 개만 늘어놓아 동그라미 한 바퀴를 채우려면 그 각이 180°가 되어야 하는데…….'

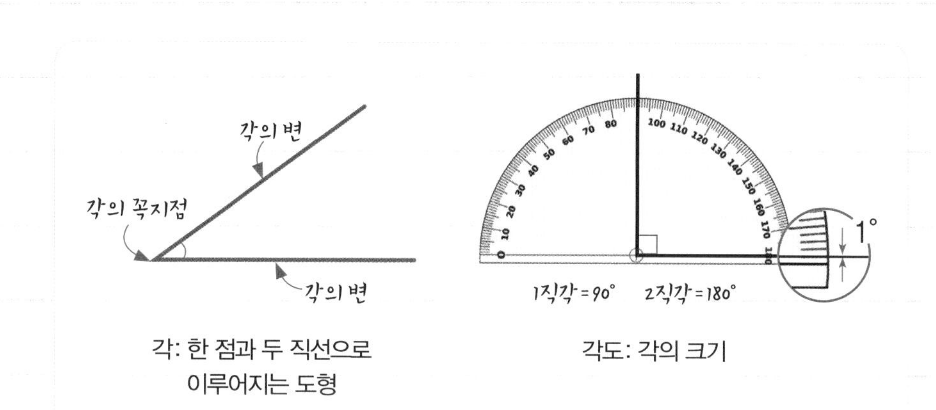

각: 한 점과 두 직선으로 이루어지는 도형

각도: 각의 크기

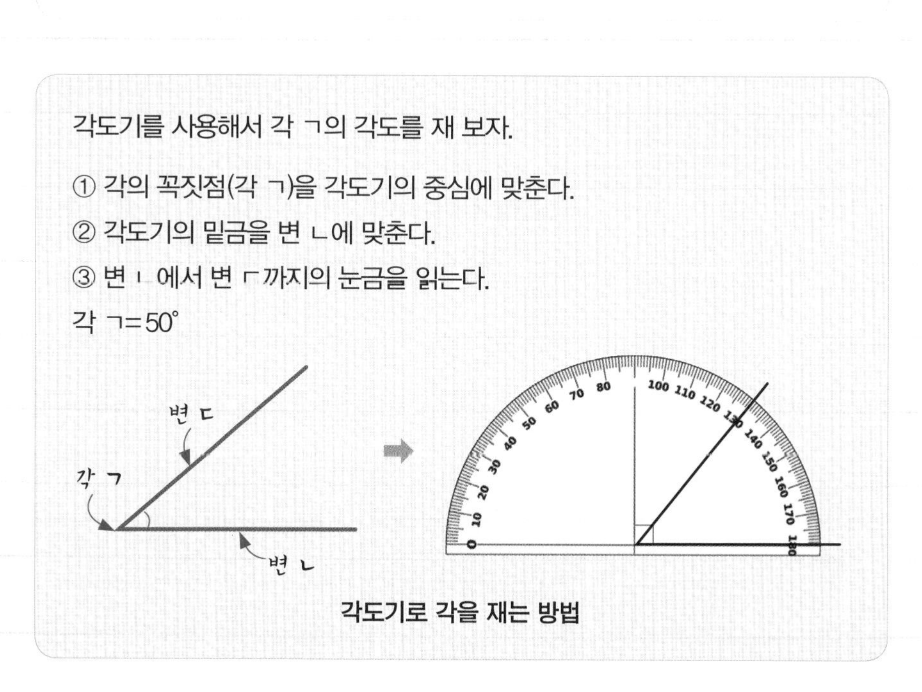

각도기로 각을 재는 방법

"야! 한 각이 180°인 도형이 어디 있어? 그건 그냥 평면이지."

"없어? 그런가? 있을 것 같았는데……."

후은이 머리를 긁적였다.

정다각형 카드 덕분에 궁후와 후은은 엄마가 남긴 새로운 퀴즈의 정답을 세 가지 보기로 좁힐 수 있었다.

"어! 오빠, 사진 다시 한번 살펴보자."

3월, 4월, 6월. 계절적 배경으로 인해 분명 입고 있는 옷만 살펴봐도, 나뭇잎 색과 상태만 확인해도 정답이 '짜잔' 나올 거라 생각한 후은은 마지막 단서를 찾을 수 있다는 기대감에 부랴부랴 사진을 꺼내 들었다. 그런데!

"으악, 이게 뭐야!"

기대했던 나뭇잎은 사진 속에서 찾을 수 없었다. 입고 있는 옷마저 추위를 많이 타는 궁후는 긴팔, 더위를 많이 타는 후은은 반팔이어서 그야말로 미궁에 빠져 버렸다.

그때였다.

"윙윙 거칠고 험한 산을 날아가지요. 윙윙 머나먼 나라까지 꽃을 찾아서. 윙윙."

경쾌한 동요와 함께 개울 건너 반대편 길 나무 위로 오색 빛깔 풍선이 서서히 올라오고 있었다. 피에로를 찾고 있었다는 사실은 이미 까마득히 잊어버렸지만, 오색 빛깔 풍선의 움직임에 둘은 반사

적으로 자리를 박차고 일어났다.

"이쪽이야, 이쪽!"

궁후는 좀 더 가까운 길을 가리키며 달렸다. 후은은 오빠가 내팽개치고 간 종이 카드와 사진첩을 헐레벌떡 두 손으로 긁어모으며 구시렁거렸다.

"몸만 쏘옥 빠져나가고! 맨날 뒤치다꺼리는 내 몫이라니까!"

사실 이 말은 엄마가 입버릇처럼 하던 말이었다. 엄마의 고정 멘트를 내뱉고 나니 울컥하며 엄마가 더 보고 싶어졌다. 후은은 뭔가

를 알고 있을 것만 같은 피에로를 놓칠세라 부랴부랴 오빠의 뒤를 쫓았다.

"오빠!"

부리나케 쫓아갔지만 후은이 도착했을 때는 오색 빛깔 풍선과 피에로의 모습은 온데간데없고, 오빠만 우두커니 서 있을 뿐이었다. 허탈한 마음에 휘청거리며 바닥에 주저앉아 버린 후은에게 긍후가 말을 건넸다.

"후은아, 이거 봐. 피에로는 놓쳤는데 열심히 달려와 보니 이게 바닥에 떨어져 있더라고."

"어! 나 이거 본 적 있어. 1학년 땐가 어디 소풍 갔을 때였던 것 같은데, 막대기를 이렇게 돌리면 이런 모양, 다른 방향으로 돌리면 또 다른 모양이 나오는 장난감. 어떤 아저씨가 팔고 다니던 거 기억나!"

"후은아 그런데 이거 꼭 뭐 닮지 않았어?"

"뭐? 솔방울? 꽃? 눈송이? 글쎄 난 잘 모르겠는데."

"아니, 이 구멍들이 꼭 벌집 같잖아!"

"벌집?"

'아차, 왜 진작 이 생각을 못

육각 무늬의 벌집

나무 위 틈새 공략자를 찾아라!

나무 위에 집을 짓고 사는 이들은 원 형태에 가장 가까우면서도 틈새의 넓이를 최소화한 이 도형의 형태로 빈틈없이 집을 짓는다. 이 도형은 꼭짓점이 ◇개, 변이◇개로 이루어져 있다.

2014.◇.◇.

했지?'

둘은 동시에 뒷목을 잡으며 머리 위로 시선을 향했다. 하늘도 참 무심하시지. 그들의 머리 위에는 여태껏 코빼기도 보이지 않던 육각 무늬 벌집이 덩그러니 나뭇가지에 매달려 있었다.

"여기다!"

후은은 나무 위의 벌집을 올려다보고 있는 사진을 도로 끼워 넣을 자리를 찾았다. 후은은 사진을 제자리에 끼워 넣으며, 그 속에 들어 있던 종이를 꺼냈다. 거기에는 이동 전화망에 대한 설명이 적혀 있전화선 없이 어디서나 통화할 수 있는 이동 전화를 위해서는 일반 전화망과 연결되는 특정 주파수(900MHz)의 송출망으로 전국이 완전히 뒤덮여야 한다. 그래서 송출망은 공간을 효율적으로 사용하면서 간섭을 최소화하는 정육각형 구조로 이루어져 있다.

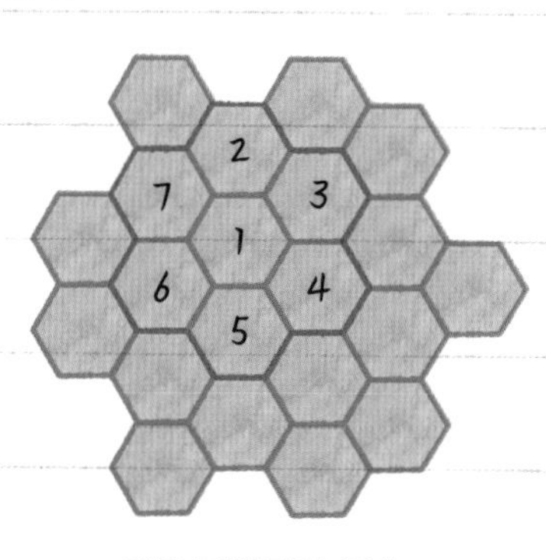

이동 전화망의 구축

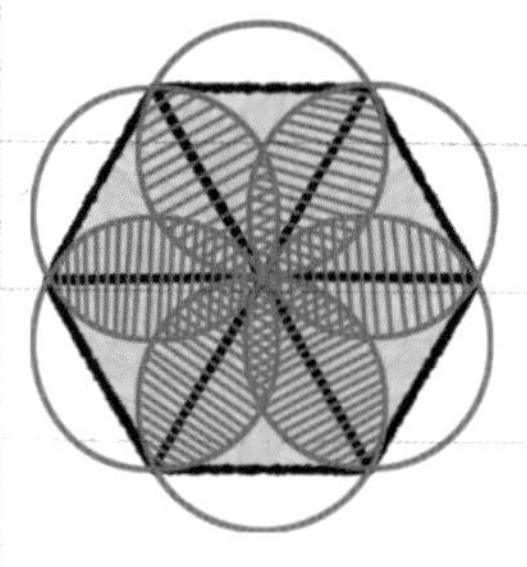

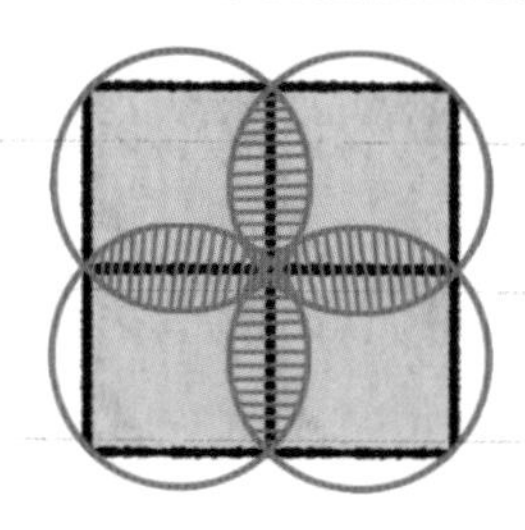

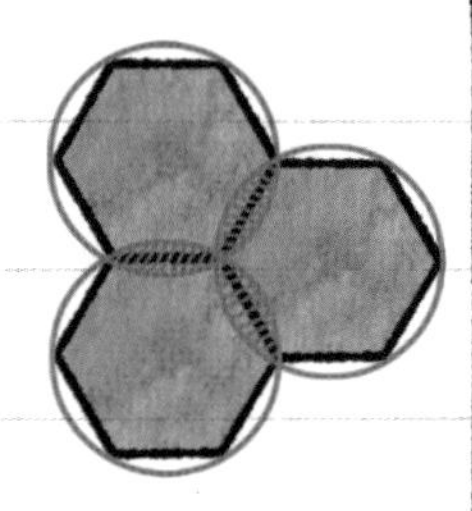

정삼각형, 정사각형, 정육각형 망의 중복 간섭 범위 비교

여기에 스마트폰을 올려 보시오. →

었다. 그리고 그 종이의 아래쪽 끝에는 'nfc'라고 적힌 파란색 스티커와 함께 '여기에 스마트폰을 올려 보시오'라고 적혀 있었다.

퀴즈 4

평면을 빈틈없이 덮을 수 있는 정다각형에는 어떤 것이 있을까?

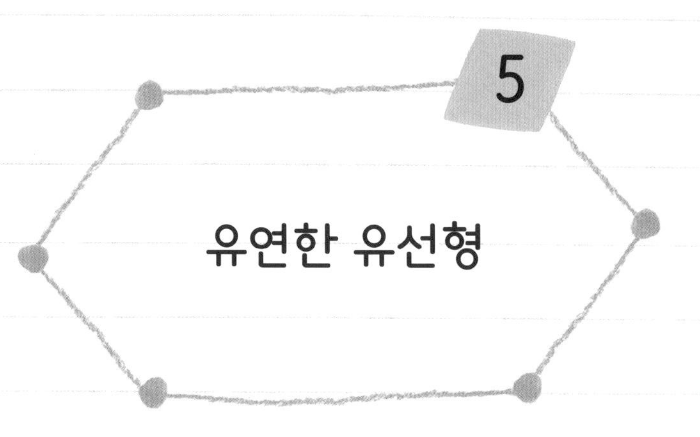

5 유연한 유선형

'여기에 스마트폰을 올려 보라고?'

후은은 nfc라고 적힌 파란색 스티커 위에 스마트폰을 올려 보았다.

그러자 인터넷 창이 열리면서 동영상이 재생됐다. 영상에서는 고래, 참치, 꽁치, 고등어 등 다양한 종류의 바닷속 생물이 헤엄치고 있었다. 후은이 이들의 움직임에 시선을 빼앗긴 사이 긍후는 벌집을 닮은 장난감을 들고 이리저리 움직이며 모양을 만들고 있었다.

"2015. 08. 05. 어! 후은아, 여기 또 있어."

"응? 뭐가?"

"여기 또 웬 날짜가 적혀 있어. 무슨 사진인지 한번 찾아보자."

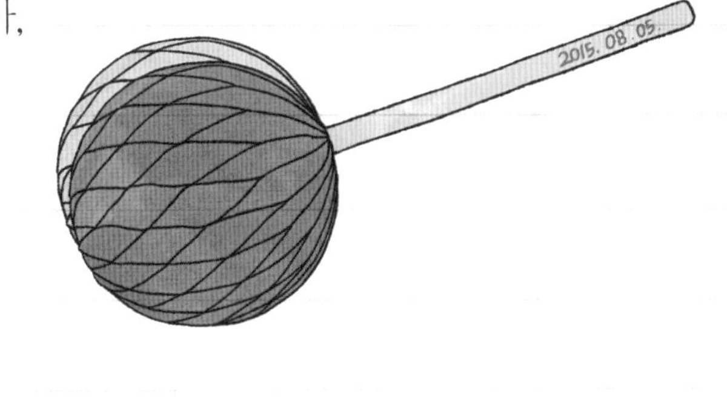

"후…… 또?"

후은은 마치 쳇바퀴를 도는 듯 반복되는 사진 이야기에 시큰둥한 반응을 보이며, 앨범을 긍후의 손 언저리에 툭 내려놓고는 이내 재생되고 있던 동영상에 눈을 고정했다. 귀여운 것에 약한 후은이 동영상 속 아기자기한 바다 풍경과 생동감 넘치는 생물들에 홀딱 빠져든 모양이었다.

한편, 후은에게서 받은 앨범을 넘기던 긍후의 손은 2015년 8월에 가까워질수록 점점 빨라졌다.

'2015. 08. 05. 이거다!'

'어, 이 사진은…….'

사진 한 귀퉁이의 날짜를 먼저 확인한 긍후는 찬찬히 사진을 살펴보다가 그날의 추억에 사로잡혔다.

그날은 마치 가을이 잠시 놀러 오기라도 한 듯, 하늘에 구름 한

점 찾아보기 힘든 유난히 맑은 여름날이었다. 그날도 긍후는 가족들과 함께 동물원에 왔다. 티 없이 맑은 하늘은 뻥 뚫린 고속도로와 같아서 머리 위로 내리쬐는 햇살은 여느 날보다 더 뜨거웠다.

"앗 뜨거, 뜨거, 뜨거!"

슬리퍼를 신고 온 긍후가 발을 헛딛으며 미끄러지더니 그만 맨발로 아스팔트 바닥을 딛고 말았다. 달걀도 금세 프라이로 만들어 버릴 듯 뜨거운 아스팔트 바닥을 딛은 긍후는 용수철처럼 펄쩍펄쩍 튀어 올랐다.

"아, 그러게 이렇게 더운 날 오빠는 왜 고집을 피워서 동물원에

오자고 한 거야? 내 말대로 미술관에 갔으면 에어컨이 빵빵하게 나오는 실내에서 더위도 피하고 좋잖아! 쳇!"

또 오빠에게 밀려 미술관을 포기하고 동물원에 따라온 후은은 입이 삐죽 나와 툴툴거렸다.

'아, 진짜 덥다. 후은이 말대로 미술관이나 갈걸. 날이 뜨거우니 동물들도 다 우리에 들어가고…… 동물원이 그냥 뙤약볕 공원이 되었네.'

궁후는 자신의 선택에 후회가 밀려들었으나 동생 앞에서 체면이 구겨지기라도 할세라 되레 큰소리를 쳤다.

"이열치열 몰라? 이 더운 여름엔 시원한 실내로 숨어들지 말고 뜨거운 공원에서 더위에 맞서야지!"

"아니, 이 더위에……."

"이렇게 더운 날씨에 언성까지 높이면 우리 몸에서도 열이 나요. 다들 진정하시고!"

우격다짐과도 같은 궁후의 주장에 후은이 함께 언성을 높이려 하자, 더위에 지친 엄마는 여기에 둘의 싸움이 더해지면 모두 지칠 것 같아 얼른 후은의 말을 끊었다.

"우리 열기도 식힐 겸, 어디 가게에 들어가서 아이스크림이라도 사 먹을까?"

후은은 오빠에게 몇 마디 더 쏘아붙이고 싶은 마음이 굴뚝 같았으나 극심한 더위로 온몸에 기운이 다 빠졌다. 일단 화를 접어 두고 시원한 아이스크림이나 먹으며 속을 풀자는 생각에 터덜터덜 엄마를 따랐다. 목소리는 컸지만 더 이상의 변명거리가 없었던 긍후는 겉으로 내색할 수 없었지만 속으로는 가슴을 쓸어내리며 조금이나마 가벼워진 발걸음을 옮겼다.

그때였다. '땅!' 하는 굉음과 함께 구름 한 점 없는 하늘에 한 줄기 하얀 연기가 피어올랐다. 곧이어 함성 소리와 함께 하늘 위로 풍선들의 달리기경주가 시작됐다.

긍후와 후은 그리고 엄마의 발길은 마치 약속이라도 한 것처럼 자연스레 풍선 경주가 벌어지는 너른 잔디밭으로 향했다. 잔디밭 한 귀퉁이에는 '구슬 아이스크림 출시 기념, 하늘 달리기'라는 글귀가 적힌 커다란 플래카드가 걸려 있었다.

"와아!"

풍선을 들고 달리던 한 사람이 결승선을 통과했는지 다시 한번 총소리가 하늘을 갈랐다. 곧바로 사람들 몇몇이 환호성을 지르며 폴짝폴짝 뛰는 모습이 보였다.

"참가자 전원에게는 시식용 구슬 아이스크림 한 컵을, 우승자에게는 온 가족이 먹어도 남을 만큼 큰 아이스크림 한 통을 상품으로 드립니다. 자, 이쪽에서는 다음 경기에 참가하실 분을 모집하오니 많은 참여 부탁드립니다."

참가했던 사람들은 줄을 길게 늘어서서 저마다 구슬 아이스크림을 받아 잔디밭을 떠났다. 그중의 일부는 다시 경주에 참여하려는 셈인지, 다음 경기를 구경하려는 것인지 아이스크림을 떠먹으며 잔디밭 주변을 서성거렸다.

"구슬 아이스크림 먹고 싶다. 색깔도 알록달록 너무 예뻐."

입맛을 다시는 후은의 중얼거림을 들은 긍후는 우격다짐했던 게 못내 미안했는지 모처럼 용기를 내 경기에 참여하기로 했다.

"동생, 내가 얻어다 줄게. 이왕이면 큰 걸로!"

"엥? 오빠가 경주에 나간다고?"

"네가?"

엄마도 평소답지 않은 긍후의 모습에 깜짝 놀라 되물었다.

"어머니, 제가 다녀오겠습니다!"

긍후는 군 입대를 앞둔 사람처럼 비장한 목소리로 출전을 선언했다.

"엄마, 오빠가 잘할 수 있을까?"

"그러게. 네 오빠가 이렇게 더운 날 동물원 오자고 한 게 괜스레 마음에 걸려 무리하는 건 아닌가 모르겠다. 걱정이네……."

가족의 걱정을 아는지 모르는지 긍후는 꼭 이겨서 오늘의 실수를 만회해야겠다는 생각에 사로잡혀 인파를 헤치며 본부석으로 힘껏 달렸다.

"아, 아, 어린이 신청자들이 많아 이번 경기는 키 120센티미터 이하의 어린이로 제한을 두겠습니다. 그리고 아까도 말씀드렸지만 이 경기는 '하늘 달리기'로 사람이 결승선에 빨리 도착하느냐가 아니고, 어느 풍선이 공중에 있는 결승선을 먼저 통과하느냐가 중요합니다. 그러니까 달리기 실력만큼이나 풍선을 다루는 능력도 중요하겠지요? 하하하! 어린 친구들이 참가하는 만큼 설명이 좀 길었습니다. 자, 어린이 친구들! 신청 순서에 따라 풍선을 골라 출발선에 서 주시기 바랍니다."

'무슨 풍선을 고르지?'

곰, 호랑이, 토끼 등 동물 얼굴 모양과 선물 상자, 컴퓨터, 비행기, 인형 등 갖가지 장난감 모양의 풍선들이 저마다 나를 골라 달라고 손짓을 하는 것 같았다.

'달리기 경기니까 이왕이면 빠른 비행기 모양이 좋지 않을까?'

분명한 이유는 없었지만 '사과는 맛있어, 맛있으면 바나나, 바나나는 길어, 길면 기차, 기차는 빨라, 빠르면 비행기' 하며 순간 말꼬리 잇기 노래가 생각나 비행기 풍선을 골라 들었다. 출발선에서 주위를 둘러보니 참가자들 대부분 긍후보다는 키가 작거나 비슷해 보였다. 그도 그럴 것이 긍후의 키가 118센티미터인데 참가자 키의 제한선이 120센티미터이니, 어쩌면 당연한 일인 것이다. 아무래도 작은 키보다는 큰 키가 달리기에 유리할 것이니 우승을 노려

볼 만도 했다. 궁후가 달리기에 그다지 재능이 없다는 안타까운 사실만 고려하지 않는다면 말이다.

"땅!"

출발을 알리는 총소리가 하늘을 가르자 어린이들은 일제히 결승

선을 향해, 더위를 날릴 구슬 아이스크림을 향해 내달렸다. 그리고 참가 어린이들의 가족은 그 어느 때보다 목청이 터져라 큰 소리로 응원을 했다. 참가자 사이에 연령 차이가 있다 보니 아무래도 키가 작고 어린 사람들이 뒤쪽으로 쳐지고, 키가 큰 어린이들이 선두 그룹을 차지했다. 키로 따지면 궁후도 다행히 선두 그룹에 속했다. 하지만 안타깝게도 달리기에 그다지 재능이 없는 궁후는 결승선에 제일 먼저 도착하지 못했다.

"헉, 헉."

더위 탓인지, 오랜만의 전력질주 탓인지 가쁜 숨을 몰아쉬었다.

"이번 경기의 우승자는…… 비행기 풍선입니다! 축하드립니다!"

결승선을 지나온 어린이들은 일제히 비행기 풍선을 들고 숨을 헐떡이는 궁후를 바라봤다. 우승을 놓쳤다고 체념하던 궁후는 어리둥절한 표정으로 주위를 돌아보았다.

"와, 오빠! 운이 좋았어. 오빠가 들고 뛴 비행기 풍선이 간발의 차이로 결승선을 먼저 통과했지 뭐야!"

"어? 풍선이?"

달리기에 집중하느라 '풍선이 결승선을 먼저 통과하느냐'로 우승이 결정된다는 것을 깜박하고 있었다. 궁후는 그제야 얼굴 가득 함박웃음을 지었다.

궁후네 가족은 파라솔이 세워진 간이 탁자에 알록달록 고운 빛깔

의 구슬 아이스크림이 한가득 든 커다란 통을 가운데 두고 둘러 앉았다. 언제 으르렁댔냐는 듯 하하 호호 웃으며 아이스크림으로 더위를 식혔다.

"오빠, 진짜 맛있다. 고마워!"

"오빠가 한다면 한다고. 봤지?"

아이스크림 한 통에 후은은 오빠 때문에 올랐던 열이 눈 녹듯 사그라들었고, 긍후는 위축되었던 두 어깨가 기세등등 제자리를 찾았다.

"에이, 운이 좋았던 거라니까. 오빠는 3등이었잖아. 오빠 풍선이 1등 한 거지. 하하!"

"그런가? 그래, 운이 좋았지?"

후은의 웃음 섞인 타박에 머쓱해진 궁후는 머리를 긁적이며 대답했다.

"단순히 운이 좋았던 걸까?"

"네?"

갑작스런 엄마의 질문에 둘은 깜짝 놀라 엄마를 바라보았다.

"만약에 궁후가 고른 풍선이 비행기 풍선이 아니었다면?"

풍선의 모양과 빠르기의 관계에 대해서 깊이 생각해 본 적이 없는 궁후와 후은은 그 뜻을 미처 헤아리지 못한 채 어리둥절한 표정을 지었다.

"궁후야, 너는 왜 비행기 풍선을 골랐니?"

"그야……."

왠지 말꼬리 잇기 노래 때문이라고 얘기하는 것이 부끄러웠던 궁후는 입을 떼지 못했고, 대신 후은이 잽싸게 대답을 가로챘다.

"뭐, 비행기는 하늘을 나니까 쌩쌩 날아서 1등 하게 해 달라고 골랐겠지!"

"그래, 하늘을 나는 비행기가 왜 하필 이런 모양일까?"

엄마는 탁자 위에 손가락으로 비행기 모양을 그리며 물었다.

"비행기를 만든 사람한테 물어봐야죠, 그건."

후은은 대수롭지 않은 듯 건성으로 답하며 구슬 아이스크림을 한 입 가득 퍼 먹었다.

"가만 생각해 보니 비행기랑 독수리 같은 새랑 모양이 좀 닮은 것 같아요."

"맞아! 우리 긍후가 잘 생각해 냈구나."

오빠를 칭찬하는 엄마의 한 마디에 후은이 시샘 가득한 토끼 눈을 하고 엄마를 쳐다보았다.

"우리 눈에 보이진 않지만 주변에 늘 공기가 있다는 것을 알고 있지?"

"에이, 그 정도는 다 알죠. 유치원에서도 공기에 대해 배웠다고요. 풍선 속에 들어 있는 것도 공기잖아요."

후은은 오빠에게 질세라 재빨리 대답했다.

"그래, 잘 아는구나. 비행기는 하늘에서 이동하니까 바로 그 공기를 헤치고 나아가는 거란다. 달릴 때 머리카락이나 옷자락이 뒤로 날리고, 자동차에서 창밖으로 손이나 얼굴을 내밀면 피부가 무언가에 의해 뒤로 밀리는 느낌이 들지?"

"네!"

궁후는 어느 달리기 시합보다 더 힘껏 달렸던 조금 전의 하늘 달리기를 떠올리며 큰 소리로 대답했다.

"그때 느껴지는 밀리는 느낌은 ㉠공기 저항력 때문이야. 저항력이 적으면 뒤로 덜 밀릴 테니 더 쉽게 나아갈 수 있겠지?"

엄마의 계속되는 질문은 궁후와 후은의 쉬고 있던 뇌를 자꾸 움직이게 만들었다.

"그렇겠죠? 오빠랑 팔씨름을 할 때, 오빠가 힘이 빠지면 오빠 손을 넘기기가 더 수월한 것처럼 말이에요."

"엄마 말씀은 비행기 모양이 공기의 저항력을 줄이는 것과 관계가 있다는 거죠?"

"그래 맞아. 역시 우리 아들딸은 하나를 가르쳐 주면 열을 안다니까."

엄마의 칭찬에 둘은 마냥 기분이 좋아졌다.

"비행기 모양처럼 공기의 저항을 가급적 줄여 주는 모양을 ㉠유선형이라고 한단다."

"유선영이요? 우리 반 친구 이름이랑 똑같네요!"

"친구 이름이 선영이라고? 비행기 모양은 유선형이야. 형태 할

> **공기 저항력**
> 공기가 물체의 움직임을 막으려는 힘. 물체의 속력이 빠를수록, 이동 방향을 향한 면적이 넓을수록 공기 저항력이 크다.
>
> **유선형**
> 물이나 공기의 저항을 최소한으로 하기 위해 앞부분은 곡선으로 만들고, 뒤쪽으로 갈수록 뾰족하게 한 형태. 자동차, 비행기, 배 등을 만들 때 이런 형태를 이용한다.

공기 저항력을 줄여 주는 유선형 모양의 비행기

때 형이라는 글자를 써."

"그럼 다른 동물 얼굴처럼 둥근 모양이나 선물 상자나 컴퓨터 같은 모양은 공기가 미는 힘을 더 많이 받아요?"

"유선형이 다른 모양에 비해서 공기의 저항을 최소로 한다는 것은 확실한데, 다른 모양들이 공기의 저항을 얼마나 더 받는지는 찾아봐야겠구나."

엄마는 스마트폰을 꺼내더니 한참 동안 바쁘게 손을 움직이셨다.

"여기 있구나! 과학자들이 여러 가지 모양으로 이동할 때 받게 되는 공기 저항력을 조사했는데 역시 유선형이 가장 적고, 그 다음이 공 모양이구나. 아무래도 움직이는 방향을 향한 곳이 둥글면서 날렵할 때 저항이 적은가 보네."

궁후와 후은은 '공기 저항력' '유선형' '저항' 등 어려운 말이 절반인 엄마의 말씀에 이제는 머리가 지끈거려 참을 수 없을 지경이었다. 엄마가 한창 흥에 겨워 설명하다 둘의 표정을 눈치 챘는지 허허 웃으며 말을 접으셨다.

"아이고 내 정신 좀 봐. 내가 너희를 데리고 어려운 얘기를 오랫동안 하고 있었네. 아이스크림 다 녹겠다. 얼른 먹자."

엄마가 유선형과 공기 저항력에 대해 한참 말씀하실 때 머리가 복잡해진 긍후와 후은은 열심히 아이스크림으로 그 열기를 달랬다. 엄마가 이야기를 끝내고 구슬 아이스크림에 숟가락을 꽂으셨을 때에는 그저 '통' 하고 빈 소리가 울릴 뿐이었다.

'통' 소리는 긍후를 2015년 8월 5일의 사진 속에서 현실로 데려다 주었다.

'그때가 좋았는데…….'

나이에 어울리지 않은 생각을 하며 넋 놓고 헤벌쭉하고 있던 긍후는 후은이 말을 걸자 겨우 정신이 들었다.

"오빠, 그래서 뭐 좀 찾아냈어?"

"어? 뭐야, 넌 내가 사진 좀 같이 보자고 했더니 무슨 동영상인지 거기에 푹 빠져 있었잖아."

"동영상? 그게 처음엔 작은 물고기들이 요리조리 움직이면서 귀여웠는데 어느 순간 커다란 고래, 상어, 참치 같은 물고기들이 나와서 무슨 달리기경주 같은 걸 하더라고. 난 날래게 생긴 상어가 이길 줄 알았는데……. 아무튼 경주가 끝나는가 싶더니 갑자기 웬 그래프 같은 게 나타나서 말이야. 그래서 재미없어졌지, 뭐."

"그래? 거기서도 경주를 했다고? 나도 막 경주를 하고 왔는데……."

"오빠도 경주를 했다고?"

"아니, 여기 이 사진 좀 봐. 기억나?"

"이게 뭔데?"

"그 왜, 구슬 아이스크림 처음 먹어 본 날 말이야."

"아, 구슬 아이스크림! 먹은 기억은 나는데 그게 이 사진이랑 무슨 상관이야? 이건 그냥 오빠가 풍선 들고 찍은 사진인데."

"아이고 정말 그렇게 고생했어도 아무 소용없네, 아무 소용없어."

"무슨 얘기야, 대체?"

"그 구슬 아이스크림, 내가 달리기 경주에서 1등 해서 상품으로 받은 거였잖아!"

"그래? 오빠가 달리기에서 1등을 했을 리가 없는데……."

후은은 도무지 믿을 수가 없다는 듯 의심의 눈초리를 긍후에게 보냈다. 긍후는 화가 나기도, 시운힘이 밀려오기도 했으나 워낙 달리기 실력이 떨어져 평소 후은에게도 뒤처지는 처지인지라 설명하기를 포기하고 화제를 돌렸다.

"그나저나 물속 경주에서는 누가 이겼는데?"

"돌고래였던 것 같아. 근데 진짜 물고기들을 경주를 시킨 건 아니고 무슨 실험을 했다는 것 같던데. '만약 물고기들이 경주를 할 때

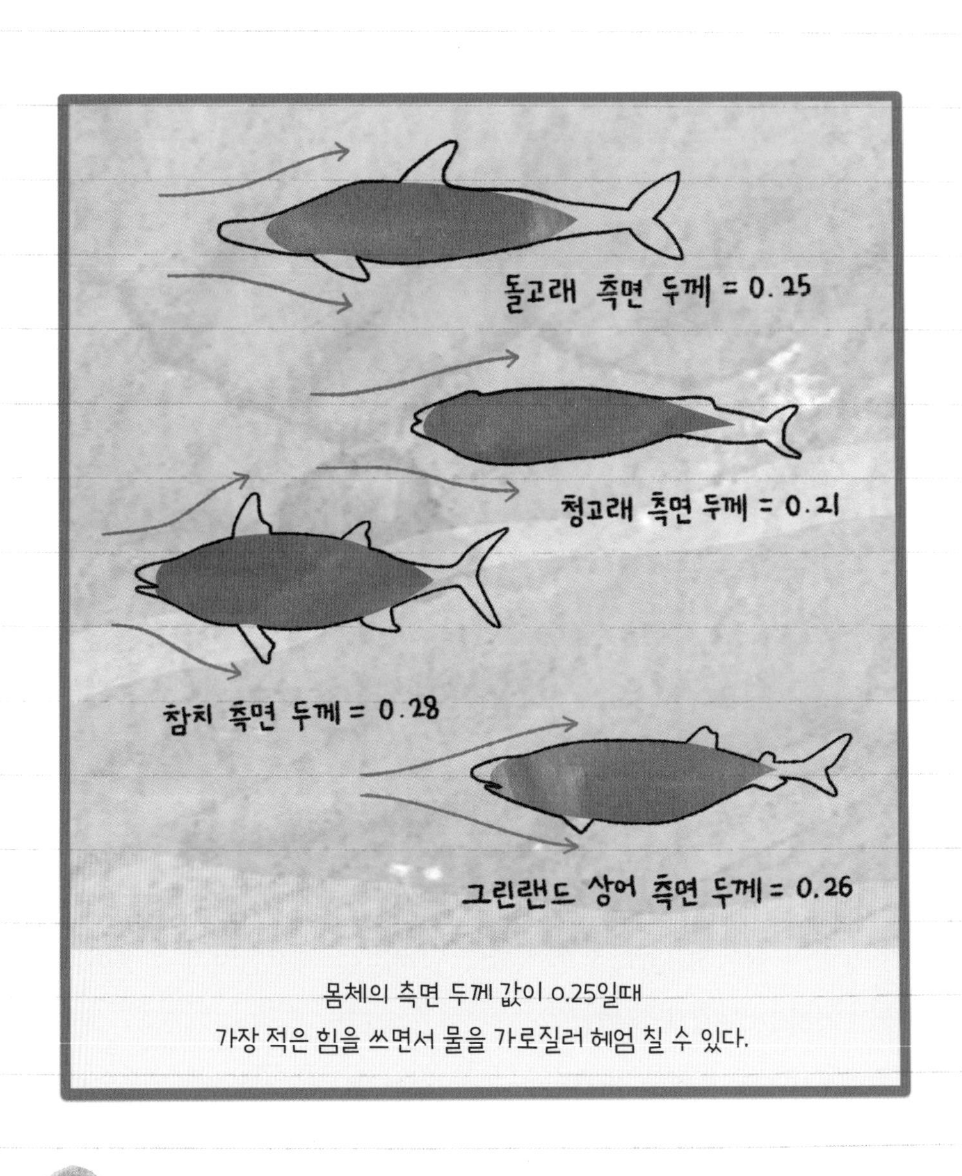

몸체의 측면 두께 값이 0.25일때
가장 적은 힘을 쓰면서 물을 가로질러 헤엄 칠 수 있다.

같은 크기의 노력을 기울이고 있다면'이었나?"

"그래? 어디 한번 보자."

추억 속의 하늘 달리기와 무언가 관련이 있겠다 싶은 생각에 긍후는 후은이 들고 있던 스마트폰을 잽싸게 낚아챘다. 동영상은 후은이 얘기했던 그래프로 보이는 장면에서 멈추어져 있었다.

"이거 왠지 모양이 비슷한 느낌인데?"

"뭐가 비슷하다는 거야?"

"여기 물고기들 까맣게 칠해진 부분을 중심으로 보면 비행기랑 비슷하지 않아?"

"가만……. 오, 그러네! 돌고래의 까만 부분에 날개를 달면 영락없이 비행기인걸."

"어, 이 밑에 '몸체의 측면 두께 값이 0.25일 때 가장 적은 힘을 쓰면서 물을 가로질러 헤엄칠 수 있다'라고 적혀 있는데."

"0.25? 돌고래가 0.25네. 그래서 같은 노력을 기울였을 때 돌고래가 가장 빠르다는 거구나."

"그래서 비행기가 돌고래랑 닮았나?"

긍후와 후은은 서로 다른 생각을 하며 고개를 끄덕였다.

"잠깐!"

돌고래와 비행기가 닮은 이유에 대해 생각하던 긍후가 중요한 대목에서 생각을 멈추었는지 혼잣말을 입 밖으로 뱉어 냈다.

빠른 속도로 움직일 수 있는 유선형 모양의 돌고래

"비행기는 공기를 헤치고 가는데, 돌고래는 무엇을 헤치고 앞으로 가지?"

후은은 심각하게 혼잣말을 내뱉는 궁후를 물끄러미 바라보다 툭, 한마디 던졌다.

"아니 돌고래는 물속에서 헤엄을 치니까 당연히 물을 헤치고 앞으로 가는 거지. 그걸 뭐 그렇게 심각하게 고민해?"

"하하하, 그렇지? 빙고!"

후은의 말을 듣고 보니 자신의 고민이 너무 어이없게 느껴졌던 궁후는 일부러 그런 것인 양 얼른 말을 둘러댔다.

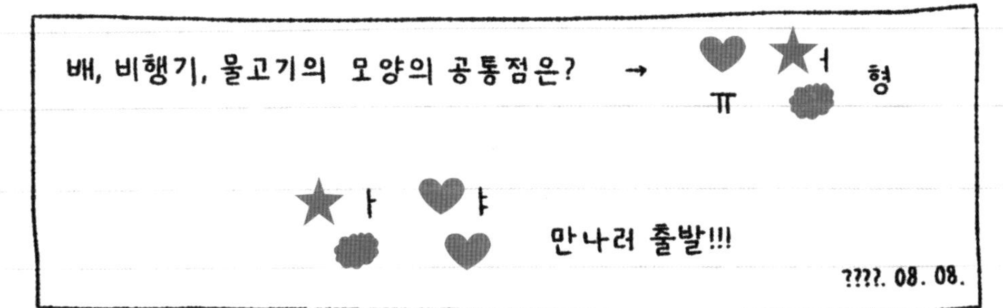

“아니, 오빠 그런데 아까 무슨 사진 날짜 얘기하지 않았어? 뭐 찾아낸 거 없냐니까? 우리 어디로 가면 된대?”

궁후는 그제야 지금 가장 빨리 해결해야 하는 일로 돌아왔다. 궁후가 내려다본 사진 하단에는 무슨 암호문 같은 글씨가 적혀 있었다.

“배, 비행기, 물고기 모양의 공통점? 아, 오빠 이거 이야기하고 있던 거구나?”

‘그러고 보니 아까 사진 속 기억에서 엄마가 분명히 여러 차례 얘기해 준 것 같은데…….’

궁후가 기억 속에서 정답을 더듬고 있던 사이 후은이 외쳤다.

“오빠, 얼른 가자! 산양 만나러!”

“어? 너 알고 있었어?”

“이거, 내 친구 유선영이랑 비슷한 그거잖아. 유선형!”

궁후는 후은의 놀라운 기억력에 감탄하며 앞장선 후은을 잰걸음으로 뒤따랐다. 그리고 그런 공후의 뒤를 까닭 모를 섭섭함이 바짝 뒤따르고 있었다.

비행기나 배 모양이 유선형인 까닭은?

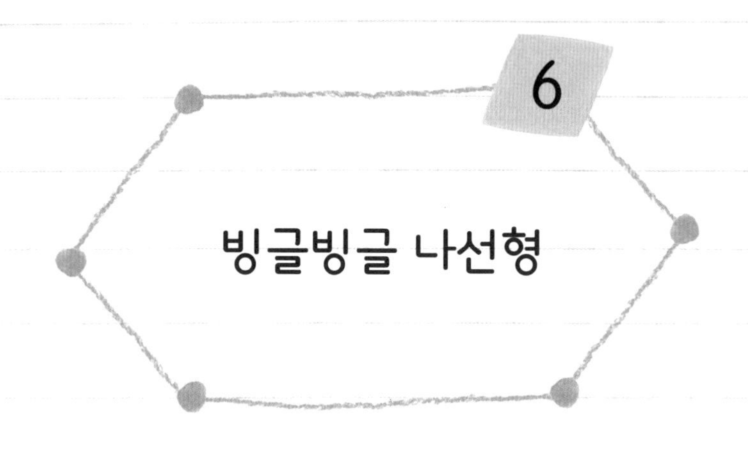

"우리 제대로 가고 있는 거지?"

"그러엄! 내가 오빠 따라 동물원 온 게 자그마치 몇 년인데, 다른 것도 아니고 산양이 어디 있는지 그 정도도 모르겠어? 바로 저기야, 낙타사."

다행히 낙타사는 앉아 있던 자리에서 멀지 않았다. 하지만 후은이 미덥지 않았던 궁후는 얼른 뒷주머니에 찔러 넣어 둔 지도를 펼쳐 들었다. 낙타사에는 낙타, 몽고야생말이라고 적혀 있고 낙타 그림만 있어서 의심스러웠으나 지도에 표시된 다른 우리를 둘러봐도 양의 모습은 찾을 수가 없어 발길만 재촉했다.

'가까우니까 일단 가 보자. 안 보이면 그때 다른 데를 찾아보면 되

니까.'

낙타사 근처에 거의 도착했을 무렵 그들의 발목을, 아니 후은의 발목을 잡는 복병이 나타났다.

'전통 ㉮가체 체험 행사'

"머리에 한번 얹어 보고 가세요. 무료 체험입니다."

샴푸 회사에서 진행하는 행사처럼 보였는데, 한복을 입은 사람 모양의 판 뒤에서 가체를 쓰고 사진을 찍을 수 있는 코너가 마련되어 있었다.

> **㉮ 가체**
> 사회적 지위가 높은 여성이나 기생이 머리를 꾸미기 위해 다른 머리를 얹거나 붙이던 일.

"오빠, 우리도 한번 해 보자. 응?"

후은은 평소에는 눈곱만치도 찾아볼 수 없는 애교까지 부리며 궁후를 졸랐다.

"치, 말은 똑바로 해야지! 우리가 아니라 너겠지. 흥!"

왠지 모르게 자꾸 가시 돋친 말이 튀어나오는 바람에 궁후의 마음 한구석에서 미안함이 살짝 고개를 들었다. 그 때문에 못 이기는 척 가체 체험을 기다려 주기로 했다. 바윗돌에 걸터앉아 얼른 하고 오라는 듯 손짓을 보내는 궁후를 향해 후은은 살짝 윙크를 하고는 가체를 나누어 주는 곳으로 신나게 달려갔다.

"한번 써 보시겠어요?"

"네! 가장 크고 멋있는 걸로 골라 주세요."

"그럼, 음…… 어린 손님에게는 좀 무거울 수 있는데, 이걸로 한 번 써 보시겠어요?"

행사를 진행하는 분이 골라 주신 가체는 궁중 혼례에서 신부가 쓰는 것으로 가체 중에서도 크고 무거운 것이었다. 후은은 가체를 살짝 들어 보며 망설이는 듯했으나 이내 고개를 끄덕였다.

"에이, 이 정도 무게야 버텨 내야죠, 아름다워지려면! 맞죠?"

후은이 너스레를 떨자 진행 요원은 빙긋 웃음으로 응수했다.

궁중 혼례용 가체가 후은의 머리 위에 올려졌다. 후은은 포토존에서 사진을 찍어 달라며 저만치 앉아 있는 궁후 쪽으로 걸음을 옮겼다. 이상하게도 가체를 얹고 궁후에게 가는 길은 유독 멀고도 힘들었다.

"오빠……."

후은이 간신히 부르자 궁후는 고개를 들었다. 그런데 궁후의 눈앞에는 후은이 아니라 후은을 닮은 오리 한 마리가 뒤뚱뒤뚱 쌀을 한 가마니 이고 걸어오고 있는 것 같았다.

"푸하하하하하하!"

궁후는 달려가 후은을 맞이하는 대신 배꼽이 빠져라 웃기에 바빴다. 겨우 도착한 후은이 씩씩거리며 말했다.

"오빠는 이게 얼마나 무거운 줄 알아?"

"에이, 그깟 가발 하나가 뭐 그리 무겁다고. 그럼 가발 쓴 사람들은 머리가 무거워 고개를 들고 다니지도 못하게? 하하하!"

"아니거든! 이건 가발이 아니고 가체거든!"

"가발이나 가체나, 가짜 머리인 건 똑같지 뭐."

말다툼은 좀처럼 끝날 기미가 보이지 않았다.

"그럼, 오빠가 한번 써 봐!"

말로는 도무지 설득할 수 없다고 생각한 후은은 가체를 벗어 긍후에게 건네주며 소리쳤다.

"써 보라면 내가 못할 줄 알고?"

후은의 큰소리에 긍후도 큰 목소리로 받아치며 가체를 건네받았다. 긍후는 생각보다 제법 묵직한 무게에 뜨끔했으나 내색하지 않고 머리에 얹었다. 하지만 가체는 머리 위에 올려놓기가 무섭게 툭 바닥으로 떨어졌다.

"뭐야? 괜히 무거우니까 떨어뜨리기나 하고."

"아니, 아니야. 이게 저절로 떨어진 거야."

"변명할 필요 없어. 흥!"

"아니래도! 이게 뭐가 무겁다고 내가 일부러 떨어뜨리겠어?"

"그럼 얼른 다시 써 봐!"

긍후는 떨어진 가체에서 먼지를 털고 다시 머리 위에 얹었다. 하지만 이번에도 어김없이 가체는 머리 위에 올려놓기가 무섭게 툭 하고 바닥으로 떨어지고 말았다.

"거 봐. 아니긴 뭐가 아니야? 무거우니까 또 저렇게 떨어뜨리기나 하고."

"아니라니까!"

"★무게중심이 안 맞아서 그렇지."

"그래, 무게중심…… 예?"

또다시 계속될 뻔한 긍후와 후은의 말다툼에 갑자기 불청객이 끼어들었다.

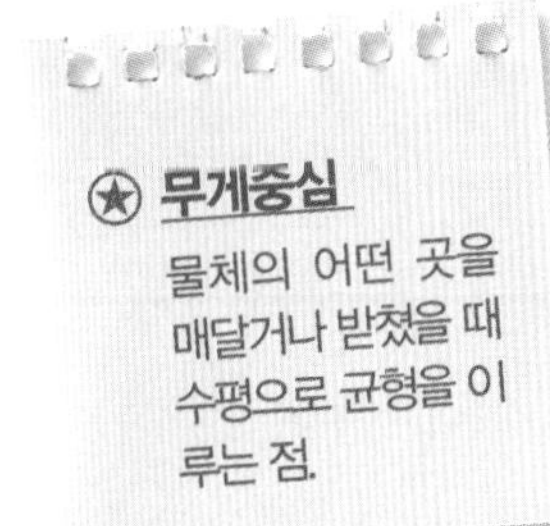
★ 무게중심
물체의 어떤 곳을 매달거나 받쳤을 때 수평으로 균형을 이루는 점.

"누…… 누구세요?"

"누구긴? 이 가체의 주인이지."

"네?"

둘은 어리둥절한 표정으로 올려다보았다.

"나로 말할 것 같으면 가체 체험 행사를 총괄하고 있는 홍보실 팀장. 앞으로 너희도 나를 부를 땐, 어려워할 것 없이 팀장님이라고 부르면 돼."

"예?"

아무리 가체의 주인이라지만 느닷없이 나타난 것도, 앞으로 팀장님이라고 부르라는 것도 쉽게 납득이 되지 않아 둘은 지금 이 상황이 얼떨떨하기만 했다.

"저쪽에서 보니 우리 회사에서 협찬받은 값비싼 가체가 자꾸만 바닥으로 곤두박질치고 있기에 한달음에 달려왔지."

"가체가 망가질까 봐 오셨군요."

후은의 너스레에 긴장된 분위기가 누그러졌다.

"그런데 무게중심이 뭐예요, 팀장님?"

긍후가 조심스럽게 말문을 열었다.

"무게중심?"

"아니, 아까 제 머리 위에 올린 가체가 자꾸 떨어지는 이유가 무게중심이 안 맞아서라고 하셨잖아요."

"아, 그 얘기 말이냐? 아이고, 우리 꼬마 친구가 탐구심이 아주 대단하구나. 기특해!"

꼬마 친구라는 말에 궁후의 마음이 살짝 상하려는 찰나, 팀장은 긴 다리로 겅중겅중 앞장서며 따라오라고 손짓했다.

"아, 참! 가체 잘 들고 와."

머뭇거리고 있는 궁후와 후은을 향해 팀장은 소리쳤다. 낯선 사람을 따라가도 되나 싶었지만 일단 가체를 반납해야 했기에 둘은 앞서거니 뒤서거니 하며 팀장을 좇았다. 팀장은 진행석 뒤편의 책상 위에 가체를 내려놓으라고 손짓을 하더니 트럭에서 간이 의자와 커다란 상자를 하나 꺼내 왔다.

"자, 여기 앉아 봐."

"네?"

"무게중심에 대해 알고 싶다며? 얼른!"

팀장은 시간이 별로 없다며 얼른 의자에 앉으라고 재촉했다.

"자, 이걸 두 번째 손가락 첫 번째 마디 위에 올려 봐."

팀장은 상자 안에서 기다란 연필 두 자루를 꺼내 긍후와 후은에게 주며 말했다.

"잘했다. 연필의 어느 부분을 손가락 위에 올려야 떨어지지 않고 멈추어 있지?"

"가운데?"

"중앙!"

"좋아. 그럼 이번엔 이걸로 한번 해 보렴."

대답하기가 무섭게 팀장은 연필을 도로 집어넣고는 하드커버로 된 얇은 그림책 두 권을 꺼냈다.

"이건 어떠니? 어느 부분을 손가락 위에 올려야 하지?"

"가로의 가운데, 세로의 가운데 즈음인 것 같아요."

"두 선이 만나는 점이요."

"오, 제법인데!"

책 두 권을 상자 속에 도로 넣은 팀장은 또다시 무언가를 건네주며 말했다.

"이건 좀 어려울 거다. 어디 한번 해 보렴."

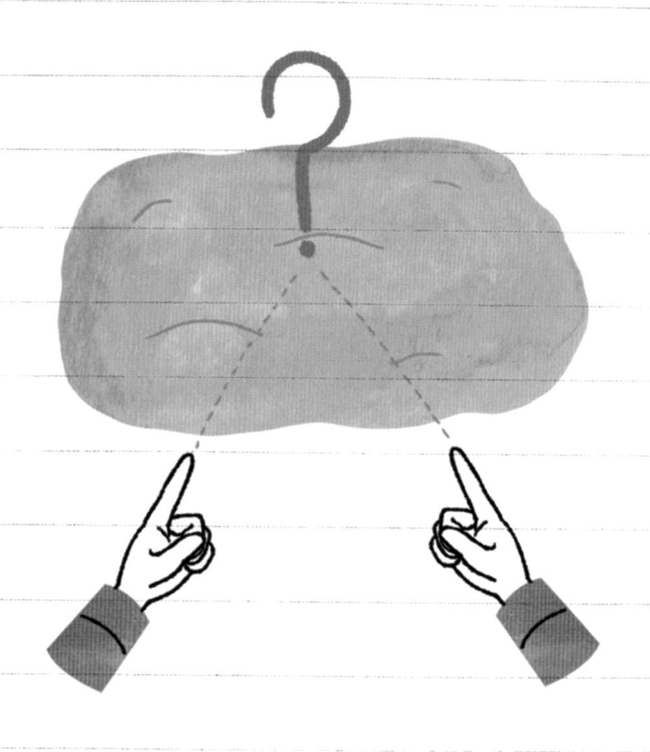

이번에 건네받은 물건은 얇은 플라스틱판이었는데 그 모양은 뭐라 설명하기가 어려웠다. 어느 나라의 지도 같기도 하고, 아무렇게나 흘러 굳어진 액체 같기도 했다.

중요한 것은 조금 전의 기다란 연필이나 직사각형 모양의 책은 대충 어디가 가운데인지 감이 딱 왔는데, 이번에는 들어간 데도 있고 나온 데도 있고 울퉁불퉁 제멋대로여서 도통 가운데가 어디인지 가늠이 되지 않는다는 것이었다. 손가락 위에 판을 몇 번이나 올렸다 떨어뜨렸다를 반복하던 후은은 갑자기 짜증이 솟구쳤다.

"아아악! 그런데 이건 대체 왜 자꾸 시키시는 거예요? 무게중심이 뭔지 알려 주신다면서요. 왜 그건 안 알려 주시고 이런 이상한 일을 자꾸 시키세요!"

"무게중심? 하! 지금까지 너희가 찾은 게, 그리고 지금 너희가 찾고 있는 게 바로 무게중심이잖아."

"네?"

"물체의 어떤 곳을 매달거나 받쳤을 때 수평으로 균형을 이루는 점을 바로 무게중심이라 하지. 바로 여기 같은 점!"

팀장은 제멋대로 생긴 모양의 플라스틱판을 손쉽게 손가락 위에 올리며 말했다.

"우와!"

후은은 언제 짜증을 부렸냐는 듯 환호성을 지르며 손가락 위에 놓인 플라스틱판을 놀라운 듯 바라보았다.

"어떻게 찾으셨어요, 무게중심을?"

"자, 그럼 지금부터 무게중심 강의를 시작해 볼까?"

팀장은 무슨 마술이라도 보여 줄 것처럼 흰 장갑을 끼더니 연필과 책을 들고 설명했다.

"우리 두 꼬마 손님들이 쉽게 맞추었던 것처럼 이런 직사각형 형태의 서로 대칭이 되는 물체는 가로 방향의 대칭선과 세로 방향의 대칭선이 서로 만나는 곳이 바로 무게중심이지."

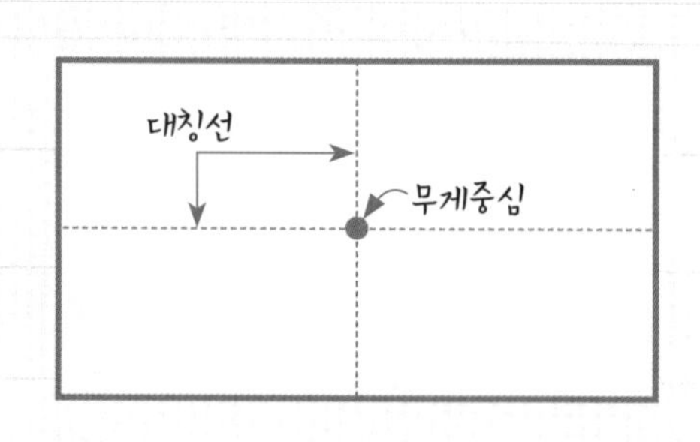

대칭인 물체의 무게중심은 가로, 세로의 대칭선이 만나는 곳에 있다. 종이, 자와 같이 대칭인 물체는 이런 방법으로 무게중심을 찾을 수 있다.

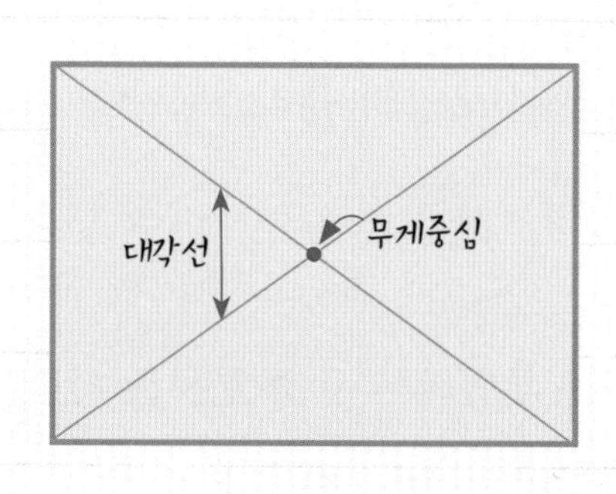

직사각형에서는 두 대각선이 만나는 점으로도 무게중심을 찾을 수 있다.

"또 아까 얘기했던 것처럼 직사각형에 두 개의 대각선을 그어 대각선들이 만나는 지점을 표시하는 것도 무게중심을 찾는 좋은 방법이야."

"그럼 이런 모양은요? 어떻게 무게중심을 찾아요?"

비대칭 물체를 추가 달린 실을 매달아 무게중심을 찾는 과정

"자, 이렇게!"

팀장은 실과 추, 송곳과 연필을 꺼내더니 인형 모양의 두꺼운 종이 한 장을 들고 요리조리 바쁘게 움직였다. 실에 건 추와 실에 건 인형을 이쪽저쪽으로 옮겨 들더니 슥슥 X자로 그어진 지점의 중앙을 손가락으로 받쳐 들고 "짜잔!" 하고 외치며 부산한 움직임을 멈

추었다.

"우와!"

팀장의 날랜 움직임이 마치 마술을 보는 것 같아, 궁후와 후은은 절로 박수를 치며 환호했다.

"자, 그러면 한 단계씩 같이 따라해 보자고! 먼저 추를 매단 줄이 하나씩 있어야 해. 그리고 각자 하나씩 나누어 준 종이 인형의 두 귀퉁이에 송곳으로 구멍을 뚫어."

"어느 귀퉁이요?"

"아무 데나!"

"네? 아무 데나요?"

"그럼, 어디든 상관없어. 서로 다른 두 귀퉁이면 오케이!"

둘은 성공할 수 있을지 자신이 없었지만 각자 송곳으로 종이 인형의 두 귀퉁이에 과감히 구멍을 뻥뻥 뚫었다.

"이제 거의 다 됐네. 여기 줄을 하나씩 받고."

"벌써 다 끝나 간다고요? 구멍 뚫은 것밖에 없는데……."

"그럼, 시작이 반인데. 우린 진짜 반을 했으니 이제 끝이지. 푸하하하하하!"

팀장에게 뭔가 엉뚱한 면이 있는 것 같다고 생각한 둘은 묘한 눈빛을 주고받으며 다음 지시를 기다렸다.

"이제 새로 받은 줄을 인형의 한 구멍에 끼워 들고, 추가 매달린 줄도 동시에 같은 손으로 들어 봐. 이렇게! 그리고 추가 매달린 줄을 따라 인형 위에 연필로 주욱 선을 하나 그려 줘."

"이렇게요?"

"오케이!"

"그 다음은 다른 구멍에 줄을 끼우는 거죠?"

"오, 척척 잘하네. 하나를 알려 주면 열, 아니지, 둘을 아는 꼬마 손님이구나!"

공후는 꼬마라는 말이 여전히 신경 쓰였지만 계속되는 칭찬 때문에 잠자코 있었다.

"다른 구멍에 줄을 끼워 들고, 추가 매달린 줄을 동시에 들어 다시 한번 연필로 주욱 줄을 따라 선을 그었다면! 이제 대망의 하이라이트!"

"두둥!"

뭔가에 홀린 듯 궁후와 후은은 효과음으로 추임새를 넣었다.

"여기 두 선이 만난 점을 손가락 위에 올리면, 짜잔!"

"우와!"

설명이 끝나면서 동시에 둘은 종이 인형을 손가락 위에 올리고 환호성을 질렀다.

"바로 그 두 선이 만난 점이 무게중심인 거 맞죠?"

"빙고!"

"그런데 다른 것도 다 이렇게 추를 매단 줄만 있으면 무게중심을 찾을 수 있는 거예요?"

혹여나 팀장이 마술사의 도구처럼 뭔가 특별한 종이 인형을 준 것은 아닐까 문득 의구심이 든 후은이 물었다.

"아이고 우리 꼬마 아가씨도 오빠를 닮아 탐구심이 아주 많구나!"

"네? 어떻게 아셨어요?"

"응? 뭘 말이냐?"

"아니, 여기가 오빠고, 제가 동생인 걸 어떻게 아셨어요?"

"어? 어…… 무슨 소리야. 아까 네가 오빠라고 부르지 않았니? 그래서 알았지!"

무언가 당황한 팀장은 두꺼운 종이와 줄, 그리고 추를 매단 줄을 모아서 긍후와 후은의 품에 안겨 주며 급히 말을 이었다.

"헉, 벌써 시간이 이렇게 됐네. 큰일이다, 큰일! 자, 이걸 선물로 줄 테니까 꼬마 손님들은 이제 안녕히 가십시오. 집에 가거든 두꺼운 종이를 너희 마음대로 잘라서 배운 방법으로 무게중심을 찾을 수 있나 실험해 보렴. 아차, 그런데 어떤 물체는 무게중심이 물체 밖에 있는 경우도 있으니 당황하지 말고!"

둘은 감사하다는 인사도 못 하고 뭔가 석연찮은 기분으로 등을 떠밀려 밖으로 나왔다. 팀장은 오누이가 낙타사 쪽으로 몇 걸음 옮겼을 때 등 뒤에서 손을 흔들며 소리쳤다.

"잘 가고! 낙타사에서 꼭 양을 보고 가렴. 그 친구 몸속에 신비한 무게중심의 비밀이 있어. 빙글빙글 멋진……."

거리 탓인지, 팀장이 말하는 도중에 갑자기 발레리나처럼 빙글빙글 회전을 해서인지 끝까지 다 들리지는 않았지만 양을 보고 가라는 말 만큼은 똑똑히 들었다.

"양? 어! 우리가 산양 보러 가는 것도 혹시 알고 계셨나?"

"산양의 몸속에 무슨 무게중심의 비밀이 있다고 하셨어. 얼른 가 보자!"

마음이 급해진 둘은 재빨리 낙타사 안쪽 산양 우리를 향해 달리기

시작했다.

"저기다!"

"우와!"

궁후는 뭔가에 반했는지 말을 잇지 못하고 우리 안을 쳐다보았다.

"여기 양은 양떼 목장에서 본 거랑 많이 다르구나. 양떼 목장 양들은 통통하고 보들보들 한 게 막 안아 주고 싶고, 만지고 싶고 그랬는데……. 여기 양은 잘못 만졌다가는 저 뿔에 받힐 것 같아. 무섭게도 생겼네."

"그래, 뿔! 왠지 저 뿔에 비밀이 있을 것 같지 않아?"

그때였다. 한 무리를 이끌고 온 선글라스를 낀 아저씨가 확성기를 들고 설명을 시작했다.

"자, 여기 보이는 큰뿔양은 북아메리카 서부, 시베리아, 캄차카반도 등지의 산악 지대에 주로 분포하며, 풀이나 과일, 나뭇잎을 주로 먹는 초식동물입니다. 주로 열 마리 남짓 무리를 이루며 살죠."

"그런데 왜 여기 양들은 마른 편이죠? 책에서 본 하얀 양들은 다들 포동포동 살이 쪘던데."

"아, 좋은 질문이에요. 이 양들은 어디에 주로 산다고 했죠?"

"산악 지대?"

"네, 맞습니다. 바로 이 양들은 산악 지대에서 하루 종일 험준한 암벽을 오르내리며 생활을 합니다. 여러분도 매일 암벽을 오르내린다고 생각해 보세요. 살찔 틈이 있겠습니까? 하하하."

궁후와 후은은 마치 원래부터 같은 무리였다는 듯 선글라스 아저씨의 유쾌한 설명에 귀를 쫑긋 기울였다.

"그런데 왜 저기 양들은 각각 뿔의 크기가 다른가요? 이것도 혹시 사람들이 몸에 좋다고 잘라 먹은 것은 아니겠죠, 녹용처럼?"

"아이고, 어르신! 아이들도 다 듣는데 무슨 그런 무서운 말씀을! 여기 양들은 나이나 성별에 따라 뿔 모양이 다르답니다. 일단 어린 양들은 뿔이 뾰족하며 작게 생겼고요. 암컷은 뿔이 작은 편으로 뒤로 살짝 구부러졌죠. 그리고 저렇게 큰 뿔을 달고 있는 양들은 모두 수컷입니다. 수컷의 뿔은 나이를 먹으며 계속해서 자랍니다. 그러니까 저기 저쪽에서 뜨거운 볕을 피해 쉬고 있는 저 양이 이 우리 안에서 최고 연장자쯤 되겠네요."

"그런데 혹시…… 양들이 무거운 뿔 때문에 비틀거리거나 하지는 않나요?"

"좋은 질문이에요! 다 다른 것처럼 보일 수도 있겠지만 이 양들의 뿔 모양을 잘 살펴보면 공통적인 규칙에 따라 자라고 있다는 것을 알 수 있어요. 여러 학자들이 열심히 연구한 결과 바로 이 공통적인 모양이 '황금 나선형'이라는 것을 알게 됐죠."

"나선형이라면 그 소라 껍데기처럼 빙빙 비틀려 돌아간 모양을 말하는 것인가요?"

"네! 정확한 설명이십니다. 그런데 그 빙빙 비틀리는 부분에서 황금 나선형은 점점 그 폭이 중심에서 멀어져 갈수록 넓어지는데, 그 비율이 '1, 1, 2, 3, 5, 8, 13, 21……'과 같이 ㊍피보나치 수열을 따르고 있죠."

"피보나치 수열? 너무 어려워요!"

"설명이 좀 어려웠나요? 여기에는 수학 분야에 관심이 많은 분들이 계시는 것 같아서 그

㊍ 피보나치 수열
앞의 두 수의 합이 바로 뒤의 수가 되는 수의 배열을 말한다. 이를 처음 소개한 사람의 이름을 따서 피보나치 수열이라고 한다.

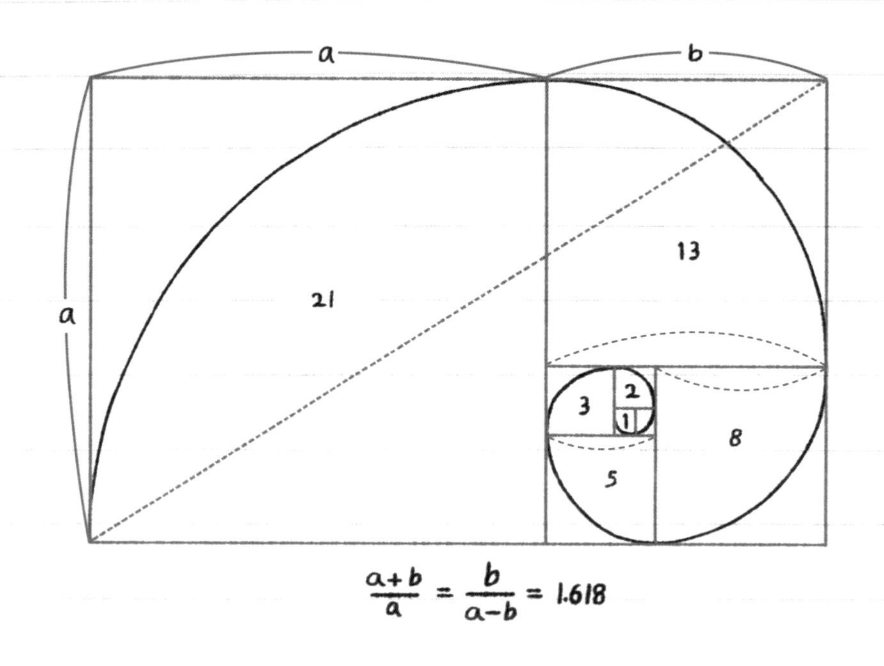

$$\frac{a+b}{a} = \frac{b}{a-b} = 1.618$$

만……. 아무튼 재미있는 것은 뿔이 계속 자라나도 그 무게중심이 항상 일정하다는 것입니다. 아, 무슨 얘기인가 하면 이 뿔이 아무리 크게 자라나고, 또 자라면서 휘어진다고 해도 계속 같은 지점에서 균형을 잡을 수 있어요. 그래서 양들이 자라나는 뿔 때문에 걷는 자세를 바꾼다든지 기우뚱거린다든지 하는 일은 없다는 것이죠. 이게 바로 양들이 가지고 있는 무게중심의 비밀이라고 할 수 있어요."

"황금 나선형은 양들의 뿔에서만 찾아볼 수 있나요?"

"아, 좋은 질문입니다! 양의 뿔 이외에도 다양한 동물과 식물에서 찾아볼 수 있는데요. 대표적인 예로 바다 생물의 하나인 앵무조개

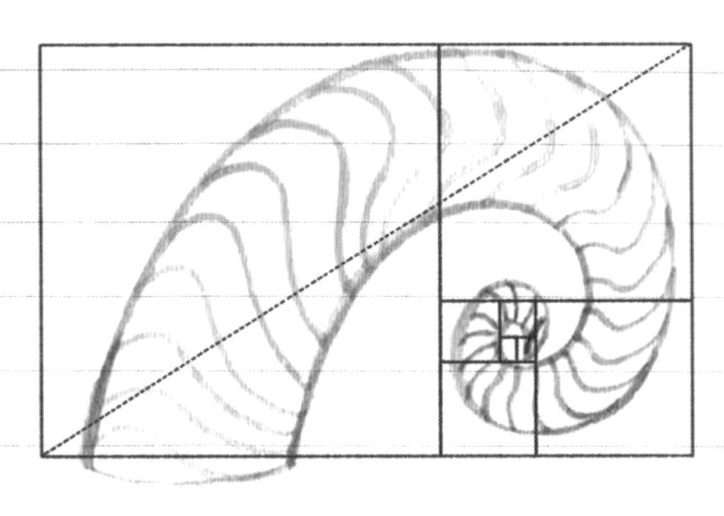

양의 뿔에서 볼 수 있는 황금 나선형

가 있습니다. 2016년 바로 이곳, 서울 동물원에서 열렸던 특별전에서도 볼 수 있었죠."

'그러고 보니 양 뿔을 옆에서 보면 은근히 소라고둥 모양이랑 비슷하네.'

'황금 나선형은 정말 아름다운 것 같아. 혹시 사람들 눈에 가장 안정적으로 보여서 지폐나 국기 등을 만들 때 사용한다던 황금 사각형과도 연관이 있는 걸까?'

이런저런 생각으로 잠시 한눈을 파는 사이 선글라스를 낀 아저씨와 한 무리의 가족들은 점차 시야에서 사라지고 있었다. 행렬 제일 뒤에서 아이스크림을 물고, 풍선을 든 오누이와 그들의 손을 잡은

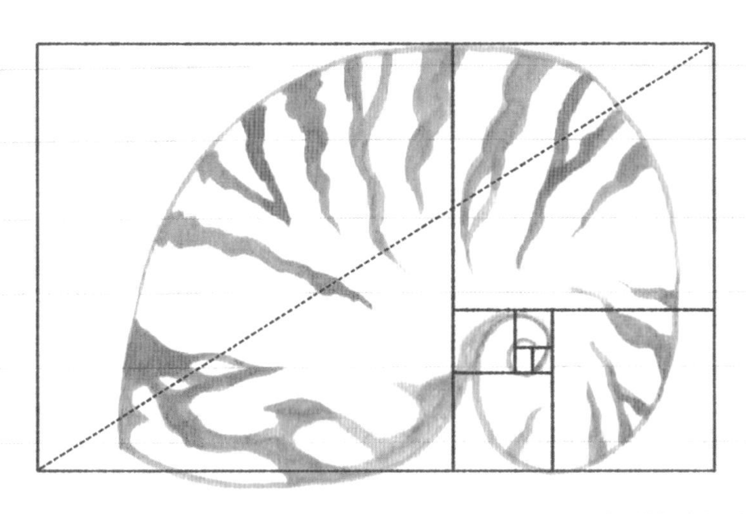

앵무조개에서 찾아볼 수 있는 황금비율

부모님의 모습을 본 궁후와 후은은 그만 진이 빠져 털썩 주저 앉고 말았다.

"오빠, 우리 언제쯤 엄마, 아빠를 만날 수 있을까?"

"그러게, 벌써 슬슬 배가 고파지고 있어. 저녁 먹을 때가 다가오나 봐."

둘은 깊은 한숨을 내쉬며 멍하니 하늘을 바라보았다. 중천에서 이글이글 타던 태양의 열기는 한풀 꺾여 서산 너머로 걸음을 옮기고 있는 듯했다.

"참, 우리가 왜 산양을 보러 왔더라?"

"아까 만났던 그 팀장님? 아! 아니다. 그 전에…… 사진! 아까 오

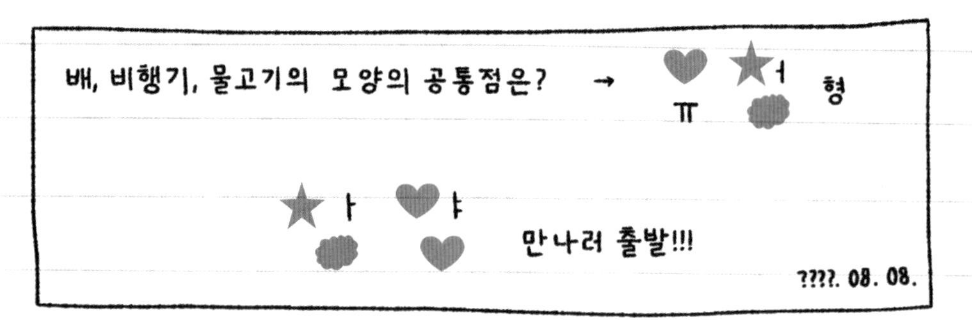

빠가 보여 줬던 사진 아래 산양을 보러 가라고 적혀 있었잖아!"

"아, 맞다!"

긍후는 부랴부랴 사진을 찾아 앨범을 펼쳤다.

"여기 웬 날짜가 있네. 어! 그런데 왜 년도가 빠져 있지? 8월 8일 날 찍은 사진을 다 찾아보라는 건가?"

"오빠 혹시 2016년 8월 8일 사진 있나 찾아보자."

"2016년? 확실한 거야? 아니면 그 예리하다는, 여자의 육감?"

"모르겠어. 모르겠는데, 왠지 2016년 8월 8일을 찾아봐야 할 것 같아. 누군가 얘기를 해 줬던 것 같기도 하고……."

'이럴 때 밑져야 본전이라고 하는 건가.'

긍후가 앨범을 넘겼다. 그리고 '2016. 08. 08.'이라고 적혀 있는 사진 속에는 얼마 전, 바로 이곳에서 있었다는 특별전의 앵무조개가 아름다운 황금 나선의 위용을 뽐내고 있었다. 긍후는 문득 아까 그 까맣고 커다란 선글라스를 낀 아저씨의 얼굴이 왠지 낯익은 것 같다는 생각이 들었다.

퀴즈 6

1, 1, 2, 3, 5, 8, 13, 21……로 이어지는 피보나치 수열에서 21 다음에 올 수는 무엇이며, 그 이유는?

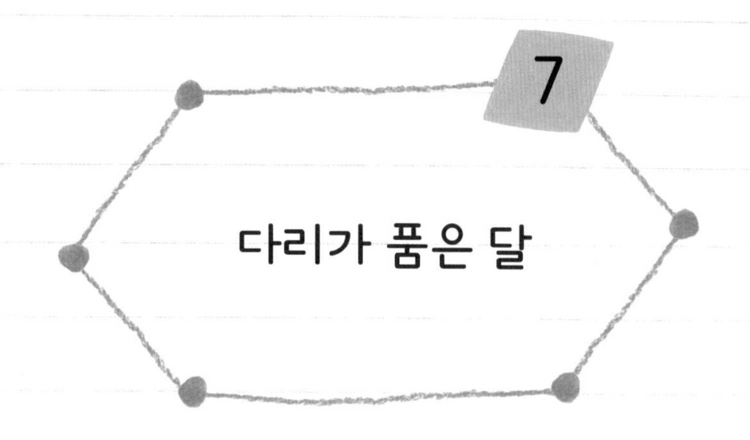

얼마나 시간이 지났을까? 이제 어디로 가야 하는지 어떤 정보도 찾지 못한 긍후와 후은은 앉아서 먼 허공만 응시하고 있었다. 아침부터 여기저기 돌아다닌 탓에 기진맥진해서 말할 기운도 없었다.

그때 낯익은 얼굴이 저만치 나무 위로 지나가고 있었다.

"어?"

바로 피에로 아저씨였다. 둘은 깜짝 놀라 자리를 박차고 일어났다.

"가자!"

피에로 아저씨를 만나면 무엇인가 힌트를 얻을 수 있을 거라고 생각한 둘은 피에로 아저씨를 향해 냅다 뛰었다.

"오빠, 그런데 이상해. 피에로 아저씨 키가 저렇게 컸었나?"

"에이, 나무보다 더 큰 사람이 어디⋯⋯ 어?"

피에로 아저씨의 얼굴이 나무 위에 있었다는 것을 뒤늦게 깨달은

궁후는 깜짝 놀라 자리에 멈춰 섰다.

"후은아, 분명히 너도 봤지?"

"응, 분명히 봤어. 아까 오전에 봤던 그 피에로 아저씨가 맞는 것 같았는데."

"우리 너무 힘들고 지쳐서 헛것을 본 건 아니겠지?"

"에이 설마. 어, 오빠 저기!"

다시 저만치 나무 위로 피에로 아저씨의 얼굴이 나타났다. 이번에는 얼굴 위로 한 아름의 오색 빛깔 풍선이 피에로 아저씨를 따라 움직이고 있었다.

"혹시 저 풍선에 매달려 가고 있는 걸까?"

"풍선이 피에로 아저씨를 따라가고 있는 걸 보면 피에로 아저씨가 풍선을 매달고 가는 게 확실해."

"그럼 대체 어떻게 된 거야?"

"이럴 때가 아니야. 얼른 따라잡아야 해."

궁후와 후은은 멈췄던 걸음에 시동을 걸고 다시 피에로 아저씨를 향해 뛰었다. 나무 위로 샤샤샥 움직이는, 날고 있는지도 모르는 피에로 아저씨를 따라잡는 것은 결코 쉬운 일이 아니었다. 숨이 턱까지 차오를 무렵, 나무 위로 보이던 피에로 아저씨의 얼굴이 시야에서 사라졌다.

"어, 어디로 갔지?"

“저기다! 저기 저 아름드리나무 둥치 옆으로 피에로 아저씨 모자가 보여, 풍선도 있고.”

피에로 아저씨의 모습을 발견한 공후와 후은은 한달음에 그곳으로 달려갔다.

“피에로 아저씨!”

나무에 기대 주저앉은 피에로 아저씨의 등 뒤로 한 아름 매달린 풍선이 제각각 흔들리며 춤을 추고 있었다. 유난히 긴 바지 밑으로는 기다란 다리 모양의 장대가 앙상한 몰골을 드러내고 있었다. 더위 탓인지, 무리한 탓인지 피에로 아저씨의 얼굴에는 땀이 줄줄 흐르고 있었다.

“피에로 아저씨, 괜찮아요?”

“어디 아프신 건 아니죠?”

“어, 그게…… 이 장대 다리 성능을 좀 시험해 보려다 그만 발목을 접질렸지 뭐냐.”

“병원에 안 가셔도 되겠어요?”

“움직일 수가 없으면 구급차라도 부를까요?”

“아니야. 그 정도는 아니란다. 여기 앉아서 좀 쉬면 괜찮아질 것 같아. 심하게 삔 건 아니라서 말이다.”

오누이의 호들갑에 피에로 아저씨는 손사래를 치며 둘을 진정시켰다.

“피에로 아저씨, 근데 이게 뭐예요?”

괜찮다는 말에 한시름 놓은 후은은 피에로 아저씨의 바지 밑으로 삐죽 튀어나온 막대를 흔들며 물었다.

“아악!”

아저씨는 다리를 잡아 누르며 소리를 질렀다. 후은이 흔든 막대가 피에로 아저씨의 접질린 발목과 연결돼 있었던 것이다.

“아저씨 죄송해요. 일부러 그런 것은 아닌데…….”

후은은 잔뜩 울상이 돼 연거푸 사과했다.

“아, 아니다. 내가 미리 알려 주지 않아서 그렇지 뭐. 방금 네가 만진 게 바로 장대 다리란다.”

“장대 다리요?”

궁후도 신기한 듯 눈을 반짝이며 피에로 아저씨를 쳐다보았다.

“응, 종종 가게 앞에서 키 큰 피에로 분장을 한 사람들이 전단지 나눠 주는 거 본 적 있지?”

“아, 봤어요! 우리 동네에 새로 생긴 가게 앞에서 그런 분들이 전단지를 나눠 주었어요.”

“그래, 그런 사람들의 키를 키워 주는 도구가 바로 이 장대 다리지.”

“그런데 피에로 아저씨는 왜 장대 다리를 끼고 계세요?”

“그게 말하자면 좀 복잡한데, 요즘 여기저기에서 많은 사람이 장대 다리를 필요로 하더라고. 얼마 전까지만 해도 우리 피에로 동호

회 사람들 몇몇이 서로 빌려 쓰곤 했는데 말이야. 한마디로 장대 다리를 살 사람들이 많아졌다는 거지. 그래서 인터넷 쇼핑몰에서 팔아 볼까 싶었어. 싼값에 튼튼한 제품을 만들어야 장사도 잘되고 이윤도 많이 남겠지? 그래서 다양한 모양의 장대 다리를 만들어서 성능을 비교해 보고 있는 중이야."

"그저 길쭉하게 생기기만 한 장대 다리를 어떻게 다양하게 만들어요? 길이 말고는 다르게 만들 게 없는 것 같은데요?"

"어, 그런데 아저씨가 끼고 계시는 이 장대 다리는 삼각기둥 모양이네요!"

"맞아, 정확히 관찰했구나. 삼각형 모양이 잘 변하지도 않고 도형 중 가장 튼튼하다기에 적용해서 만들어 봤는데, 아까 달리기 시험 중에 이게 순간 휘청하지 뭐냐."

"아……."

"그럼 어떤 모양이 좋을까요? 기둥 모양이라면……."

긍후는 삼각기둥부터 시작해서 사각기둥, 오각기둥 등 여러 가지

다각기둥을 떠올려 봤다.

"삼각기둥은 삼각형, 사각기둥은 사각형, 오각기둥은 오각형이니, 도형의 모양에 따라 기둥을 만들면 그 수가 어마어마하겠는데요?"

"십각형, 이십각형, 삼십각형……. 도형이 끝도 없이 많으니 피에로 아저씨, 이러다가는 아무래도 실험이 끝나지 않겠어요."

"허허허! 너희들 도형에 대해 많이 알고 있구나. 그럼 이 문제 한번 맞혀 볼래? 기둥 모양의 도형은 밑면이 몇 개일까?"

"밑면이요? 에이, 아저씨는 그게 무슨 문제라고. 밑면은 물건의 아래쪽을 이루는 겉면이니까, 무슨 모양이든지 밑면은 하나죠, 하나."

"땡!"

"틀렸다고요?"

밑면이 하나가 아니라는 말에 깜짝 놀란 후은이 놀란 토끼 눈을 하고 물었다.

"아저씨 그럼 혹시 두 개예요?"

긍후가 조심스레 물었다.

"딩동댕!"

"기둥 모양의 도형에서 밑면이란 서로 만나지 않고 평행이 되는 두 면을 말하는 거란다. 이렇게 말이야."

피에로 아저씨가 안주머니에서 삼각기둥 모양의 초콜릿 상자를 꺼내더니 무릎 위에 비스듬히 세워 두 밑면에 손바닥을 대며 말씀하셨다.

"각기둥 이름이 밑면의 모양으로 결정된다는 것은 알고 있으니, 이번 문제는 각기둥의 옆면은 공통적으로 무슨 모양일까?"

"직사각형!"

초콜릿 상자의 옆면에서 힌트를 얻은 후은이 재빨리 대답했다.

"딩동댕! 쉽지 않은 문제였는데 이렇게 바로 정답이 나오다니 대단한 걸."

"하하하, 실은……."

초콜릿 상자에서 힌트를 얻었다는 사실을 실토하려던 후은의 말을 가로막고 피에로 아저씨가 설명을 덧붙였다.

"각기둥의 옆면은 모두 직사각형이란다. 그 개수만 차이가 있지. 삼각기둥은 세 개, 사각기둥은 네 개, 오각기둥은?"

"다섯 개!"

"육각기둥은?"

"여섯 개!"

"척 하면 척이구나, 요 녀석들."

피에로 아저씨는 아까 그 초콜릿 상자에서 초콜릿을 꺼내 한 조각씩 궁후와 후은의 입에 넣어 주고는 도로 안주머니에 찔러 넣었다.

"이제 슬슬 가 볼까? 아얏!"

자리에서 일어나려던 피에로 아저씨는 아직 삔 발목의 통증이 계속되는지 도로 자리에 주저앉고 말았다.

"아저씨!"

함께 자리를 털고 갈 채비를 하던 둘은 놀라서 동시에 아저씨를 바라보며 외쳤다.

"아무래도 안 되겠다. 나는 여기서 좀 더 쉬고 출발해야겠구나. 아, 잠깐만. 이것 좀 대신 전해 줄 수 있겠니?"

"네?"

피에로 아저씨는 투명한 통에서 돌돌 말려 있는 종이를 한 장 꺼

내더니 글씨를 적고는 다시 돌돌 말아 통에 넣고 마개를 덮었다. 그리고는 그 통을 후은에게 건네주고 주머니에서 동물원 지도를 꺼내 펼치더니 손가락으로 현재 위치를 짚으며 말을 이었다.

"지금 우리가 있는 곳은 바로 여기, 낙타사 뒤쪽의 나무숲이야. 여기서 저쪽 앞에 보이는 여우사 쪽으로 나가면 길이 나 있을 거야. 거기서 왼쪽으로 꺾어 길을 따라 계속 걸어가. 오른쪽으로 북한 동물관, 왼쪽으로 제3 아프리카관을 보면서 쭉 길을 따라 가면 커다란 식물원이 하나 나올 거야. 식물원 오른쪽 끝에 식물 표본 전시관이 나란히 붙어 있어. 바로 그 건물 1층 오른쪽 제일 끝 방에 연구실이라는 팻말과 함께 피에로 얼굴 모양의 마크가 붙어 있을 거야. 바로 거기에 이걸 좀 전해 주렴."

궁후와 후은은 허리를 숙여 다시 한번 지도를 꼼꼼히 살핀 다음 식물 표본 전시관을 향해 출발했다.

"다녀오겠습니다."

둘은 피에로 아저씨의 설명을 되새기며 여우사에서 왼쪽으로 꺾어 북한 동물관과 제3 아프리카관을 지나 식물원 오른쪽에 있는 식물 표본 전시관에 도착했다.

"1층 오른쪽 제일 끝 방이라고 하셨지?"

궁후가 앞장서며 말했다.

똑똑똑.

궁후는 손가락 마디를 세워 피에로 얼굴 모양 마크와 함께 연구실이라고 적힌 방문을 가볍게 두드렸다. 하지만 아무리 기다려도 안에서는 인기척조차 없었다.

쾅쾅쾅.

기다리다 못한 후은이 이번엔 주먹을 쥐고 있는 힘껏 방문을 두드렸다. 하지만 역시나 아무런 응답도 들을 수 없었다.

"어쩌지?"

둘은 서로를 마주 보며 어찌해야 할지 몰라 고개를 갸웃거렸다.

"혹시……."

후은은 용기를 내서 문손잡이를 돌렸다. 연구실 입구 천장에는 꽤 어두운 조명등이 켜져 있었고, 바로 앞에는 과학실에서나 볼 수 있는 시커먼 암막 커튼이 앞을 가로막고 있었다.

"안녕하세요? 피에로 아저씨의 부탁으로 왔는데 아무도 안 계세요?"

"아무도 안 계세요?"

"아, 잠깐만요!"

커튼 안쪽에서 여자 목소리가 들려왔다.

"아, 미안해요. 많이 기다렸죠? 안에서 한참 연구를 하다 보니 누가 들어왔는지도 몰랐네요. 워낙 작고 개인적인 연구실이다 보니 손님이 찾아오는 일도 없고요."

"여기……."

후은이 급한 마음에 피에로 아저씨에게 부탁받은 투명한 통을 다짜고짜 연구원에게 건넸다.

"이게 무엇인지?"

연구원은 당황해하며 후은이 건넨 통을 엄지와 검지로 살짝 집어 두 눈 가까이 올렸다.

"아, 저희는 피에로 아저씨 부탁으로 왔어요."

"피에로 아저씨께서 그 통을 여기 계신 분께 전해 달라고 하셔서요."

마지막 장대 다리를 교체 장소로 가져다 주시오.
참, 그리고 우리 꼬마 손님들에게 연구소 구경도 좀 시켜 주길 부탁하오.
그리고 중요한 것은 그냥 알려주면 재미가 없다는 것 알고 있죠?

궁후와 후은이 얼른 설명을 덧붙였다.

"아, 그래요?"

연구원은 그제야 마음이 놓이는 듯 뚜껑을 열고 종이를 꺼내 들었다. 둘도 그 내용이 궁금해 종이 뒷면으로 비치는 글씨를 읽어 보려고 눈살을 찌푸렸으나, 워낙 어두운 공간이었던 탓에 도통 읽을 수가 없었다. 글씨를 읽어 가며 연구원의 입꼬리가 살짝 올라간 것도 전혀 눈치 채지 못했다.

“오 조수, 오 조수!”

“네.”

연구원이 누군가를 부르자 커튼 속에서 한 사람이 급히 달려 나왔다. 연구원이 하나뿐인 작은 공간인 줄 알았는데, 커튼 속에서 또 다른 사람이 나타나자 후은은 커튼 안쪽이 궁금해졌다.

“이걸 좀 가져다줘야겠어. 아무래도 이번 게 성공할 것 같은 예감이 든단 말이지. 천천히 다녀오게.”

연구원은 오 조수라고 불리는 사람에게 길쭉하고 무거워 보이는 가방을 하나 건네며 말했다. 오 조수는 그 가방을 들고 서둘러 연구실을 빠져나갔다.

“혹시 그 가방 속에 든 게 뭐예요?”

“그게 또 다른 시험용 장대 다리인가요?”

긍후가 묻자 후은은 연구원의 대답도 기다리지 않고 선수를 치며 끼어들었다.

“그래, 피에로 박사님께 들은 모양이구나.”

“피에로 박사님이요?”

“응, 피에로 박사님. 우리 연구를 총괄하시는 분인데, 아까 여기 오는 길에 만난 것처럼 직접 착용해서 실험을 하신단다. 아주 열정이 넘치는 분이지.”

연구원은 당황한 궁후와 후은의 모습을 보고 말을 덧붙였다.

"참, 내 소개를 안 했네. 난 피에로 박사님과 같이 연구를 하고 있는 고 연구원이라고 해. 너희처럼 어린 친구들을 가르치기도 했지. 그 바람에 내가 초면에 벌써 말을 편하게 하고 있네. 괜찮지?"

둘은 갑자기 쾌활한 목소리로 돌변한 고 연구원을 향해 고개를 끄덕였다.

"그냥 편하게 고 쌤이라고 불러 줘."

둘은 다시 한번 고개를 끄덕였다.

"저기, 고 쌤."

궁금한 건 못 참는 궁후가 용기를 내 연구원을 불렀다.

"응?"

"그런데 아까 방금 들고 나간 장대 다리는 어떤 기둥 모양의 다리예요? 아까 피에로 아저씨, 아니 피에로 박사님이 끼고 다니시던 건 삼각기둥 모양이던데……. 이번엔 성공할 것 같다고 하셨잖아요. 그게 무슨 모양일지 궁금해요."

"아, 그게 무슨 모양이냐고?"

"네! 궁금해요."

"아니, 그건 우리 연구실의 최고급 정보인데. 그렇게 중요한 것을 그냥 알려 주면 재미가 없지."

"네?"

"하하, 걱정 마. 내가 알려 줄 테니까. 따라 들어와. 참, 혹시 손에 들고 있는 소지품 있으면 거기 바닥에 있는 바구니에 다 놓고 오도록 해."

연구원은 커튼 안쪽으로 들어가며 말했다.

궁후와 후은은 연구원이 시키는 대로 모든 소지품을 바구니 속에 넣었다.

"아, 또 깜박했네. 여기 커튼 안은 더 어두울 거야. 아무것도 볼 수 없을 만큼! 그러니까 커튼 안으로 들어오면 잠시 서서 열을 세며 마음의 준비를 하도록 해."

연구원이 커튼 너머로 불쑥 얼굴을 내밀며 덧붙였다.

"대체 저 안에는 뭐가 있는 걸까?"

"오빠, 왠지 좀 무서워. 내 옆에 꼭 붙어서 같이 가 줘. 알았지?"

둘은 큰 숨을 들이쉬며 안쪽으로 들어갔다.

"짜잔! '어둠 속의 만남' 방에 오신 것을 환영합니다."

둘은 서로의 옷자락을 붙잡고 마음속으로 천천히 열을 헤아리고서 주변을 둘러보았다. 역시 아무것도 보이지 않았다. 다만 두어 발자국 앞에서 목소리가 들려오는 것을 보니, 손을 쭉 뻗으면 닿을 위치에 연구원이 서 있을 것이라는 추측만 할 수 있을 뿐이었다.

"우리 피에로 연구소에서는 큰 무게를 버텨 낼 수 있는 튼튼한 장대 다리를 만들기 위해 노력하고 있습니다. 그 과정에서 육지에 사

는 대부분의 동물은 그 덩치가 크든 작든 모두 다리를 가지고 있다는 것에서 착안, 다리의 공통점을 발견하면 아무래도 가장 효율적인 장대 다리를 만들 수 있지 않을까 생각했어요. 그 결과, 바로 조금 전에 따끈따끈한 장대 다리가 완성돼 피에로 박사님께 배달했

죠. 그 장대 다리의 모양은 바로 이곳에 박제돼 있는 다양한 동물 다리를 통해 여러분이 알아낼 수 있을 것입니다."

궁후와 후은은 연구원의 말을 들으며 '피에로 연구소의 연구원이 되려면 일단 말솜씨가 청산유수 같아야 하는가 보다'라고 생각했다.

"그런데 고 쌤, 이렇게 깜깜한데 어떻게 알아낼 수 있어요?"

"아까 다 말했는데, 손으로 만져 알 수 있다고……. 우리 몸엔 모두 몇 가지의 감각기관이 있지?"

"눈, 코, 입."

"귀."

"그리고?"

"음…… 손?"

"피부?"

"좋아. 눈은 시각, 코는 후각, 입은 미각, 귀는 청각, 그리고 피부는 촉각. 이렇게 다섯 가지 감각기관이 있어. 그중에 어두워지면 기능을 제대로 할 수 없는 감각기관은……."

"당연히 눈, 시각이겠지요."

"그래. 하지만 어두워진다고 해서 들을 수 없거나 촉감을 느낄 수 없는 것은 아니지. 오히려 더 예민해질 수 있어."

"그런데 대체 왜 이 연구실에서는 볼 수가 없는 거예요?"

"그래, 설명해 줄게. 우리는 지금 효율적인 장대 다리를 위해서 다양한 동물 다리의 공통점을 찾고 있다고 했지? 하지만 이 과정에서 중요한 정보는 다리의 전체적인 형태이지, 색이나 발가락의 갈래, 발톱의 수, 무늬 등이 아니거든. 그래서 색이나 수 등에 주목하는 감각기관인 시각을 차단한 연구실을 만들었단다. 전체적인 형태의 다소 추상적인 공통점은 아무래도 눈보다는 손으로 더 잘 파악할 수 있을 거라 생각했으니까."

"그럼, 손으로 여기 있는 동물들의 다리를 만져 보라는 말씀이시죠?"

"그렇지!"

"그런데 어디에 무슨 동물이 있는 줄 알고, 또 다리가 어디인 줄 알고 만져요? 물릴 수도 있잖아요."

"지금 내가 인도하는 곳에서부터 발밑으로 올록볼록한 ★유도 타일이 느껴질 거야. 그렇지?"

> ★ **유도 타일**
> 바닥에 설치돼 있는 울퉁불퉁한 타일. 주로 시각 장애인이 안전하게 다닐 수 있도록 하기 위해 설치한다.

연구원은 긍후와 후은의 손을 잡고 유도 타일 위로 안내했다.

"이 길쭉한 모양의 유도 타일을 따라 여러분의 앞쪽으로 플라스틱 선반이 있고 그 위에 박제된 동물들이 전시돼 있는데, 중간중간 유도 타일이 동그라미 모양으로 바뀔 거야. 바로 그 지점에서 선반 위로 손을 뻗으면 각 동물의 다리를 만질 수

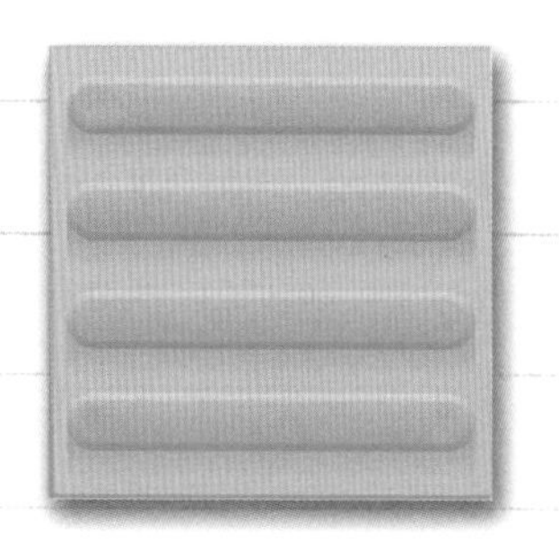
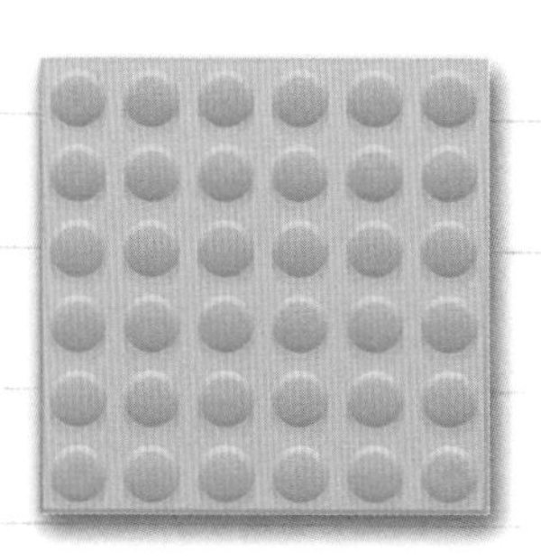

유도 타일

있어. 그리고 아까 물릴까 봐 걱정이 된다고 했는데, 여러 번 말했다시피 박제된 상태이기 때문에 움직이거나 물 염려가 절대 없어. **박제란 죽은 동물의 가죽을 썩지 않게 처리한 후에 그 속에 솜 같은 것을 넣어 살아 있을 때처럼 만든 물건이거든.** 이제 궁금증이 좀 풀렸니?"

연구원은 두 사람이 선반을 잡을 수 있게 하고는 조금씩 자리를 옆으로 옮겨 동그라미 모양의 타일 지점에 한 명씩 서도록 이끌어 주었다.

"자, 바로 지금 이 지점에서 손으로 선반 위를 더듬어 올라가 보면 동물의 다리를 만질 수 있을 거야."

"그런데 혹시 여기 어떤 동물이 있는지 알려 주실 수 있나요?"

보이지 않는 것에 대한 두려움에 긍후가 선뜻 손을 뻗지 못하고 연구원에게 조심스레 질문하는 찰나, 후은은 과감하게 선반 위의 동물을 두 손으로 만지더니 이렇게 소리쳤다.

"어, 돼지다!"

"빙고! 어떻게 알았지?"

"매끈매끈하고 통통한 데다 도르르 말려 올라간 꼬리까지! 영락없이 돼지 맞는데요. 꿀꿀."

후은은 벌써 신이 난 눈치였다.

"여기 남자 친구도 과감히 한번 만져 봐. 방금 전 여자 친구 말대로 만져 보면 알 수 있을 거야. 참고로 여기엔 개, 고양이, 소, 살쾡이, 호랑이, 독수리, 병아리 등 열 가지 정도의 동물이 있어."

"오, 이건 아까 봤던 병아리인가 봐. 아, 그 병아리는 살아 있었지? 음, 그런데 병아리 다리는 매끈하면서 마디 같은 게 느껴지네."

앞서가는 후은의 맹랑함에 용기를 얻은 긍후도 손을 뻗어 동물을 만져 보기 시작했다. 어떤 것은 털이 복슬복슬했고, 또 어떤 것은 가죽 가방처럼 매끈했다. 후은도 흥분을 가라앉히고 옆으로 자리를 옮기면서 동물들을 만져 보았다.

시간이 얼마나 지났을까. 한 걸음 한 걸음 조심스레 옮기면서 동물 다리 만지기에 집중하고 있던 상황을 깨뜨린 것은 다름 아닌 후은의 목소리였다.

"알겠다!"

"쉿! 우리 나가서 얘기하자. 남자 친구도 거의 다 살펴봤지?"

"아…… 네."

연구원은 깜깜한 곳에서도 궁후와 후은이 다 보이는지 둘의 손을 차례로 잡아끌고 커튼 밖으로 나갔다.

"자, 그럼 어디 한번 얘기해 볼까? 동물들의 다리를 만져 보니까 어떤 공통점이 있지?"

"동그래요!"

"동그랗다고?"

"네!"

"그러니까, 얘 말은 두 밑면이 동그란 원으로 된 기둥 모양이라는 거예요."

성미 급한 후은의 말을 궁후가 다시 다듬어 대답했다.

"맞아! 바로 동물 다리의 공통점은 원기둥 모양이라는 거지. 같은 재질, 같은 너비의 판으로 삼각기둥, 사각기둥, 원기둥을 만들어 세운 다음, 그 위에 동일한 벽돌을 한 장씩 올려 보니 원기둥 위에 가장 많은 벽돌을 올릴 수 있더라고."

"아마도 그 까닭은 ★단면적, 그러니까 밑면의 넓이 차이와 관계가 있는 것 같았어. 혹시 도형의 넓이를 구하는 방법 알고 있니?"

"사각형은 가로의 길이와 세로의 길이를 곱하면 된다고 들은 것 같아요."

★ **단면적**
물체를 절단했을 때, 그 절단 부분인 단면의 면적. 즉 평면도형의 면적.

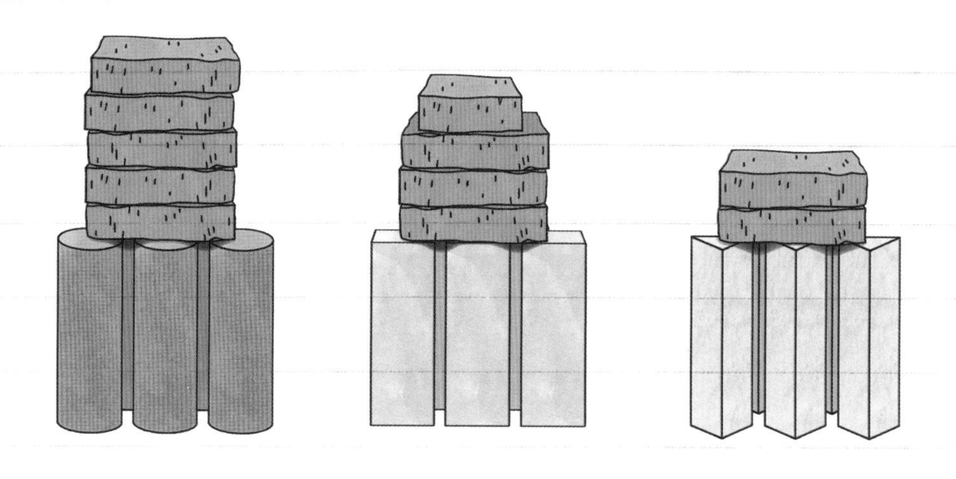

"맞아. 아직 평면 도형의 넓이를 구하는 것에 대해서는 공부하지 못한 모양이네. 그럼 조금 어렵겠지만 한번 들어보렴. 간단하게 설명하고 결론만 얘기해 줄게."

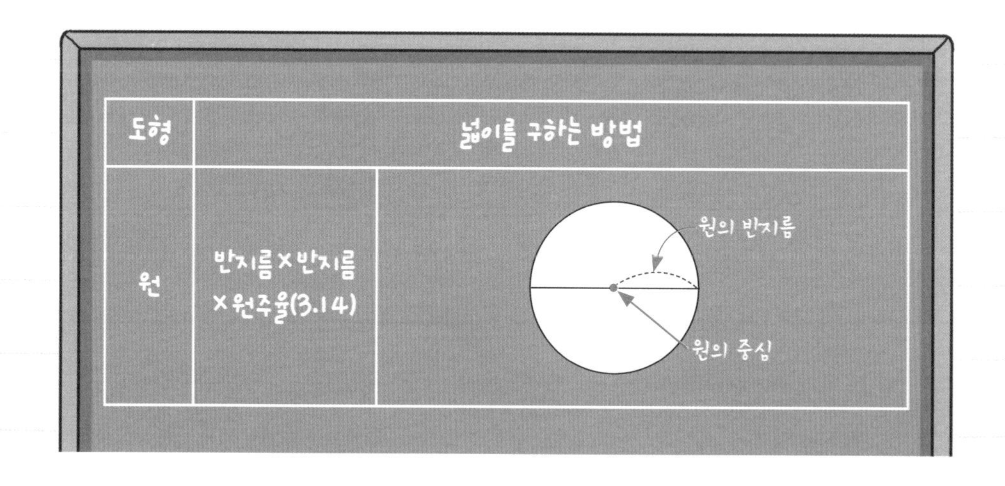

도형	넓이를 구하는 방법	
원	반지름×반지름 ×원주율(3.14)	원의 반지름 원의 중심

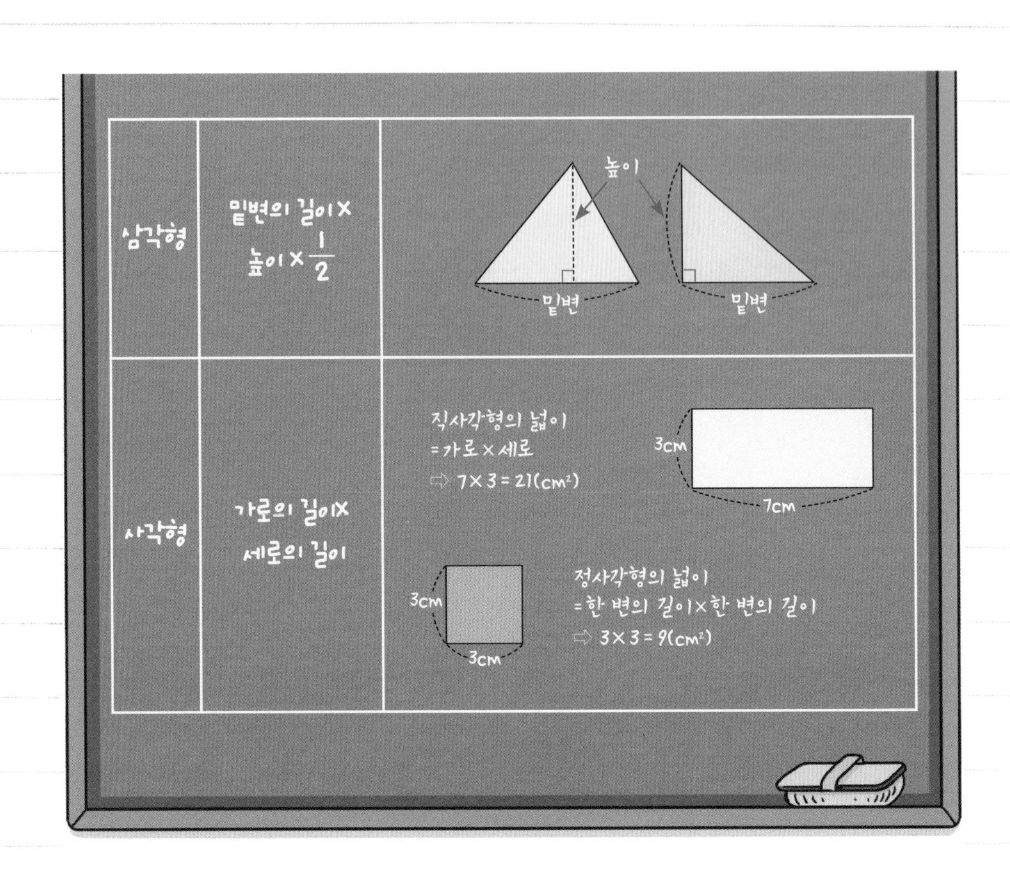

삼각형	밑변의 길이× 높이×$\frac{1}{2}$	높이 / 밑변 / 밑변
사각형	가로의 길이× 세로의 길이	직사각형의 넓이 =가로×세로 ⇨ $7 \times 3 = 21(cm^2)$ / 3cm / 7cm / 3cm / 3cm / 정사각형의 넓이 =한 변의 길이×한 변의 길이 ⇨ $3 \times 3 = 9(cm^2)$

원, 삼각형, 사각형의 넓이 구하는 방법에 대한 길고 어려운 설명이 끝나고 드디어 결론이었다.

"그래서 같은 너비의 판으로 밑면 없이 위아래가 뚫린 기둥 모양을 만들었을 때, 텅 빈 밑면의 넓이가 원, 사각형, 삼각형의 순서로 원이 가장 컸어. 그래서 원기둥 위에 벽돌을 가장 많이 올릴 수 있지."

"그럼, 이번에 피에로 아저씨, 아니 피에로 박사님께 배달된 장대

12cm 같은 길이의 종이로 세 가지 모형을 만들어 보면

1. 원

둘레 = 12cm

지름 = $12 \div 3.14 = 3.82$cm

단면적 = $3.82 \times 3.82 \times 3.14 = 11.45cm^2$

2. 사각형

한 변의 길이 $12 \div 4 = 3$cm

단면적 = $3 \times 3 = 9cm^2$

3. 삼각형

한 변의 길이 $12 \div 3 = 4$cm

밑변 = 4cm, 높이 = 3.46cm

단면적 = $\frac{1}{2} \times 4 \times 3.46 = 6.92cm^2$

다리는 바로 원기둥 모양이군요!"

"가장 튼튼한 장대 다리가 원기둥 모양이라는 말이고요! 그렇죠?"

"그래, 그럴 거라고 확신하고 있어. 박사님께서 마지막 실험 결과만 가지고 돌아오신다면 더욱 확실해질 거야."

공후와 후은의 눈빛이 서로 교차하는가 싶더니 바구니에서 얼른 소지품을 꺼내어 들며 말을 이었다.

"설명 감사합니다. 어둠 속의 관찰도 정말 색다른 경험이었어요."
"안녕히 계세요."
"그래, 잘 가렴."
피에로 아저씨의 실험 결과를 누구보다 빨리 듣고 싶었던 둘은 서둘러 연구실을 빠져나왔다. 그 바람에 문 뒤에서 중얼거리는 연구원의 목소리는 전혀 들을 수 없었다.
"아주 급하기도 하지. 대체 누굴 닮아 그런 거람? 겉모습은 엄마, 아빠를 고루 닮았는데 말이야……."

퀴즈 7

같은 너비의 판으로 밑면 없이 위아래가 뚫린 기둥 모양을 만들 때, 삼각기둥, 사각기둥보다 원기둥 위에 가장 많은 벽돌을 올릴 수 있는 까닭은 무엇일까?

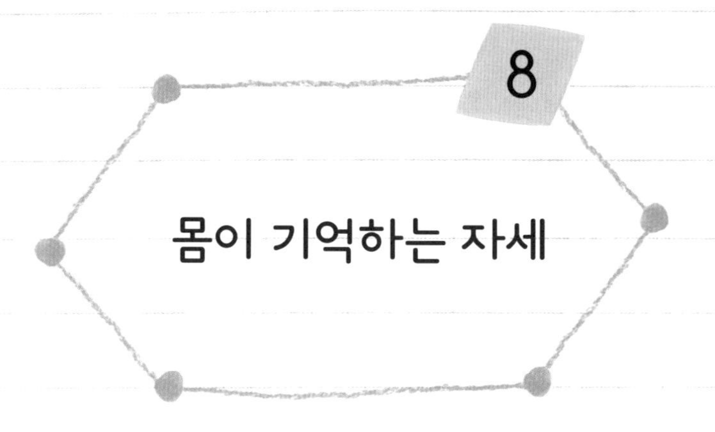

"오빠, 그런데 우리 어디로 가야 하는지는 아는 거야?"

후은이 냅다 달려가는 긍후를 불러 세우며 물었다.

"무슨 소리야? 우리 아까 피에로 아저씨한테 다시 돌아오겠다고 하지 않았어?"

"어, 그랬나?"

피에로 아저씨에게 '다녀오겠습니다'라고 인사를 했던 것 같기는 한데, 그렇다고 피에로 아저씨가 다시 같은 장소에서 만나자고 얘기를 하거나 약속을 했던 기억은 도통 나지 않았다. 하지만 일단은 방법이 없으니 다시 식물원을 지나 왼쪽으로 꺾어 제3 아프리카관과 북한 동물관을 거쳐 여우사 맞은편에 있는 아름드리나무 앞까지 열심히 달릴 뿐이었다.

"헉헉."

궁후와 후은은 가쁜 숨을 몰아쉬며 나무 앞에 도착했다.

"아저씨! 피에로 아저씨!"

"박사님! 피에로 박사님!"

두 손을 모아 입에 대고 큰 목소리로 피에로 아저씨를 불렀으나 아무런 대답도 돌아오지 않았다.

'이제 어디로 가지?'

'여기서 좀 더 기다려 볼까?'

둘은 서로 다른 생각을 하며 한숨 돌리고자 바닥에 털썩 주저앉았다.

"아얏!"

용수철이 튕겨 오르듯 후은이 갑자기 자리를 박차고 일어나며 소리쳤다. 후은의 엉덩이가 닿았던 곳에 아까 피에로 아저씨로부터 전해 달라고 부탁받았던 것과 같은 모양의 투명한 통이 놓여 있었다. 그리고 그 속에는 종이가 도르르 말려서 들어 있었다.

"어, 이거?"

둘은 피에로 아저씨가 자신들에게 남기고 간 것이라 생각하며 얼른 뚜껑을 열어 종이를 꺼내었다.

> 온통 캄캄한 어둠만이 있던 태초를 기억하는가?
> 인류 탄생의 신비…… 1번 아프리카로 가겠네.
> 목이 길어 슬픈 기린을 만나러.

"이게 뭐야?"

종이를 채우고 있는 글귀는 어느 무명 시인이 남긴 한 구절의 시와도 같아 도통 무슨 말인지 알아들을 수가 없었다.

"가만, 다른 건 무슨 얘기인지 모르겠고 아무튼 아프리카로 간대, 기린을 만나러."

"무슨 소리야? 갑자기 웬 아프리카?"

"진짜 아프리카로 떠날 리는 없고……. 그런데 아프리카가 1번, 2번 이렇게 나누어져 있어?"

"엥? 아프리카는 하나 아니야? 북아메리카, 남아메리카도 아니고."

"그럼 이건 뭘까? 1번 아프리카로 간다고 적혀 있잖아."

각자 피에로 아저씨의 행방에 대해 생각하느라 잠시 정적이 흘렀다.

"그런데 이거 피에로 아저씨가 우리에게 남기고 간 메시지가 맞을까?"

후은이 고개를 갸우뚱하며 먼저 말을 던졌다.

"후은아, 가만. 혹시 여기 아프리카 동물들이 모여 있는 우리 같은 거 있지 않았어?"

한참 생각에 빠져 있던 긍후가 서둘러 지도를 펼치며 말했다.

지도에 적혀 있는 깨알 같은 글씨들 중에 아프리카를 찾으려고 둘은 눈에 불을 켰다.

"여기!"

후은이 한발 빨리 아프리카를 찾아냈다.

"아, 제1 아프리카관, 제2 아프리카관, 제3 아프리카관…… 세 개나 있구나. 그럼 1번 아프리카니까 제1 아프리카관 아닐까?"

"오빠, 여기 목이 길어 슬픈 짐승도 있대. 기린 말이야, 기린!"

"그럼 맞네, 제1 아프리카관!"

"얼른 가자!"

목적지가 정해진 이상 더 머뭇거릴 이유도, 여유도 없었다. 벌써 동물원에는 어스름이 드리우고 있었기 때문이다. 그들이 있던 여우사 맞은편에서 제1 아프리카관까지는 자그마치 1000미터가 넘는 꽤 먼 거리였다. 하지만 마음이 급했던 그들은 무료 순환 버스가 있다는 것도 잊고 걸음을 재촉했다.

제1 아프리카관에 도착했을 때, 그곳에는 어둠보다 고요가 먼저 찾아와 있었다. 저녁 시간이라 다들 집으로 돌아갔는지 동물원 구석구석을 메우던 인파도 사라지고, 하나둘 가로등도 희미한 빛을 발하기 시작했다. 궁후와 후은도 발소리를 죽이고 살금살금 조심스럽게 기린 우리를 찾았다.

"어, 저기다!"

고요함을 깨우는 후은의 목소리에 누군가가 갑자기 다가와 쉿 하고 커다란 손가락을 내밀었다. 바로 피에로 아저씨였다.

"아저씨!"

피에로 아저씨는 반가움을 주체하지 못하고 큰소리로 알은체하는 궁후와 후은의 손을 잡아끌어 기린 우리에서 멀리 물러났다.

"얘들아, 쉿! 지금 저기 우리에 곤히 잠든 친구들이 있어요. 예민한 친구들이 잠에서 깨지 않도록 우리가 조용히 해야지!"

"벌써 잠들었다고요? 누가요?"

"누구겠어, 기린이겠지. 맞죠, 피에로 박사님?"

피에로 아저씨는 대답 대신 빙긋 웃음을 지어 보이며 다시 한번 목소리를 낮추라고 부탁했다.

"그런데 기린은 어떻게 잘까?"

"글쎄, 서서 꾸벅꾸벅 졸듯이 자지 않을까?"

"어떻게 서서 잠을 자, 누워서 자야지."

"기린이 누워서 잠을 잔다고? 상상이 안 되는데……."

잠자는 기린을 만나러 가는 짧은 순간에 궁후와 후은은 기린의 자는 모습에 대해 상상하며 끊임없이 속삭였다. 드디어 우리 속의 잠자는 기린 발견!

목이 길어서 그런지 잠자는 기린의 모습은 보는 사람으로 하여금 안쓰러운 마음이 들게 했다. 누운 것도 아니고 선 것도 아닌 어정쩡한 자세도 마음에 걸렸지만 장 속에 접어 넣은 두꺼운 요처럼 굵게 접힌 긴 목은 보면 볼수록 마음을 아프게 했다. 이런 모습을 본 둘은 더 이상 말을 잇지 못했다.

"기린은 엄마 배 속에서도 저런 자세였을까? 그때도 목은 길었을 테고, 엄마 배 속이 마냥 넓지는 않을 텐데……."

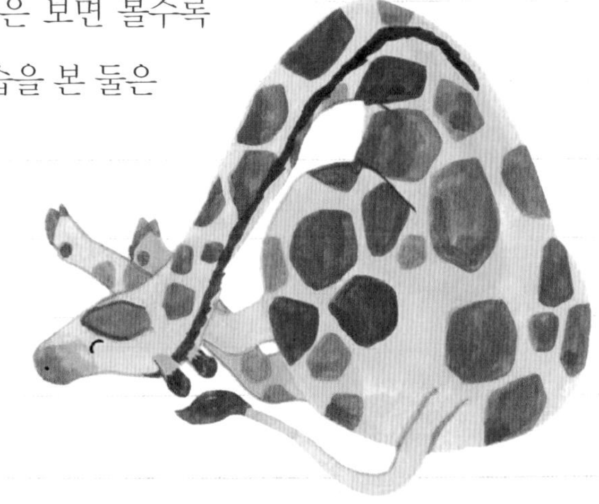

무거운 침묵을 깨뜨린 사람은 다름 아닌 피에로 아저씨였다. 하지만 둘은 기린을 바라보며 안타까움만큼이나 애정을 느끼느라 피에로 아저씨의 질문에 답을 하지 못했다. 아니, 피에로 아저씨의 중얼거림을 듣지 못했다는 편이 맞을 것이다.

"자, 가자. 언제까지 이렇게 기린 우리에 매달려 있을 셈이야?"

피에로 아저씨는 기린 때문에 자신의 말이 묻힌 것이 못내 속상했는지 서둘러 긍후와 후은의 손을 잡아끌었다.

다음으로 도착한 곳은 ㊌사막여우가 있는 우리였다.

★ 사막여우
북부 아프리카에서 중동 일대에 서식한다. 몸 전체가 모래색의 털로 덮여 있으며, 넓은 귀가 특징이다.

사막여우도 뜨거운 뙤약볕에서 종일 땀을 쏘옥 뺀 까닭인지 석양을 맞으며 이른 잠자리에 든 모양이었다.

"우와! 몸을 동그랗게 말고 잠들었네. 툭 치면 데굴데굴 굴러갈 것 같아."

"저 여우는 귀가 엄청 크네요. 원래 여우 귀가 저렇게 컸나요?"

후은이 고개를 갸웃거리며 물었다.

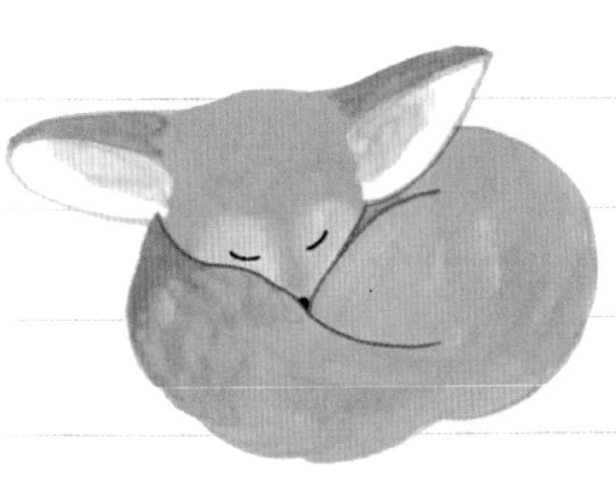

"사막여우라서 그럴걸."

"사막여우는 왜 귀가 커?"

궁후의 대답에 피에로 아저씨가 꼬리를 물고 늘어졌다.

"그…… 글쎄요. 사막에서는 소리를 더 잘 들어야 하나?"

"하하하. 자, 여기 한번 보렴."

피에로 아저씨는 마치 미리 준비라도 한 것처럼 스마트폰으로 척 하고 사진을 보여 주었다.

"여기 왼쪽이 사막여우, 가운데가 일반적으로 볼 수 있는 여우,

오른쪽은 북극여우란다."

"역시 ★북극여우는 눈밭에서 살아서 그런지 새하얗네요. 안아 보고 싶어요. 포근할 것 같아요."

"그렇지, 북극여우는 털이 풍성하단다. 추위에 견디려면 옷을 두껍게 입어야겠지?"

"어! 그러고 보니 사막여우의 귀가 제일 크고, 북극여우 귀는 털 속에 감추어 졌는지 잘 보이지도 않아요."

★ **북극여우**

북유럽·러시아·알래스카 등지에 서식한다. 둥근 귀, 몸 전체에 빽빽한 털, 발바닥에 난 긴 털이 특징이다.

"맞아! 잘 발견했구나. 사막여우는 뜨거운 사막에 살다 보니 귀를 통해서 몸의 열을 내보내지. 그렇기 때문에 넓은 귀가 필요하단다. 반면 북극여우는 추운 북극에 살아서 귀를 통해 몸의 열을 잃지 않도록 귀가 작고, 주변의 털이 덥수룩하지."

"귀로 몸의 열이 나가나 봐요."

"그렇지. 우리는 뜨거운 것을 만지면 무의식중에 손을 귀로 가져가잖아. 그것도 열 방출과 관계가 있지 않을까?"

"지금 문득 든 생각인데요. 그럼 혹시 귀가 큰 사람들은 열이 더 많이 빠져나가 추위를 더 타게 될까요?"

"글쎄다. 하지만 표면적이 더 넓으면 넓을수록 열이 많이 빠져나가는 건 확실하지."

"네?"

무슨 말인지 어리둥절해 하는 긍후와 후은을 위해 피에로 아저씨는 설명을 덧붙였다.

"너희 추우면 몸을 웅크리게 되지?"

"아, 맞아요. 팔도 몸에 붙이게 되고, 어깨도 움츠러드는 것 같아요."

"거북이처럼 목도 몸속으로 넣고 싶은 마음이 드는 걸요."

"그래. 우리 몸 전체가 갖는 덩치 즉, 몸의 부피는 그대로지만 몸을 웅크리면 겉으로 드러난 면적이 줄어들어 그만큼 열이 덜 빠져나가지. 그래서 추위를 덜 느끼게 된다는 거야."

"아, 맞아요. 예전에 후은이랑 같이 잘 때 재가 맨날 제 이불까지

몸을 웅크렸을 때와 폈을 때의 면적 비교

빼앗아 가는 바람에 저는 아까 그 사막여우처럼 완전 웅크리고 잤어요. 그래서 아침마다 찌뿌둥한 상태로 잠에서 깼던 것 같아요."

"무슨! 내가 언제! 그리고 오빠가 무슨 요가를 하는 것도 아니고 어떻게 아까 그 사막여우처럼 몸을 공처럼 말 수 있냐? 거짓말!"

긍후가 후은의 잠버릇에 대해 폭로하자 후은이 발끈해 쏘아 붙였다.

"자, 둘 다 진정하고! 여기서 중요한 건 아까 그 사막여우가 몸을 공처럼 말고 잠들었다는 데 있어요! 잠을 잘 때는 보통 체온이 1~2℃ 정도 떨어지는데 바로 이때, 몸의 온도를 유지해야 하는 항온동물은 가급적 몸의 표면적을 줄여서 체온이 빠져나가는 것을 막아야 하지. 그러니까 바로 공 모양이 같은 부피일 때 표면적이 가장 작은, 체온 유지에 효과적인 도형이라는 거야."

"항온동물이요?"

"부피, 표면적 다 너무 어려워요."

"아이코, 내가 욕심이 너무 앞섰나? 어려운 말을 너무 많이 썼나 보구나. 자, 그럼 좀 더 간단한 항온동물부터 설명을 해 주마. 사실 크게 어려운 것은 아니란다. **항온동물은 조류나 포유류처럼 바깥 온도에 관계없이 체온을 항상 일정하고 따뜻하게 유지하는 동물**을 말하는 거란다. 항상 같은 체온의 동물은 항온동물이라고 기억하면 쉽지. 물론 같다고 해서 전혀 변화가 없다는 것은 아니고, 항상 그 온도를 유지하려고 노력한다는 편이 좀 더 정확하지."

"아, 항상 같은 체온을 유지하려는 동물이 바로 항온동물이라는 말씀이시죠?"

"그럼, 사람도 항상 체온을 36.5℃로 유지해야 하니까 항온동물이겠네요?"

"하나를 알려 주면 역시 둘을 아는구나! 보통 품에 안았을 때 따뜻하다 싶은 대부분의 동물, 강아지나 고양이, 참새 같은 포유류나 조류는 모두 항온동물이란다."

긍후와 후은은 힘껏 고개를 끄덕였다. 둘의 반응에 피에로 아저씨는 말에 힘을 실어 설명을 덧붙였다.

"반면 항온동물에 대비되는 개념은 변온동물이야. 변온동물은……"

항온동물인 닭과 변온동물인 개구리

"변하는군요, 체온이?"

"그래, 맞아. **변온동물은 대체로 환경과 비슷한 체온을 갖게 된단다. 주변 온도가 높아지면 체온도 높아지고, 주변 온도가 낮아지면 체온도 낮아지고 말이야. 각종 물고기들이나 개구리, 도마뱀 같은 어류, 양서류, 파충류들이 바로 변온동물들이지.**"

"아, 저는 다른 동물들도 다 우리 사람처럼 항상 비슷한 체온을 갖는 줄 알았어요. 추울 땐 추워졌다, 더울 땐 더워졌다 그야말로 카멜레온이네요. 신기해요!"

"하하, 그렇네."

"박사님, 그럼 아까 그 부피랑 면적이었나? 그것도 좀 알려 주세요. 왜 공 모양으로 자는지 궁금해요. 공 모양으로 자면 다음날 피곤해질 게 분명한데 말예요."

"아, 그래."

피에로 아저씨는 궁금한 건 못 참는 궁후와 후은 덕분에 숨 돌릴 틈도 없이 설명을 이어 갔다.

"자, 먼저 **부피는 어떤 도형이나 물체가 차지하는 공간적인 크기**를 말하는 거란다. 음, 너희와 비교해 볼 때 확실히 내가 부피가 크겠구나. 저기 저 사막여우는 너희보다 부피가 훨씬 작고 말이다. 그리고 **겉면적이라는 것은 겉넓이라고도 하는데, 도형이나 물체 겉면의 넓이**를 말한단다. 즉, 밖으로 드러난 부위가 많을수록 겉넓이, 겉면적도 넓어지겠지? 반대로 이렇게 팔다리를 부둥켜안으면 겉으로 드러난 부위가 적어져서 그만큼 겉면적이 줄어들고 말이야."

"아, 이제 부피랑 겉면적이 뭔지 알 것 같아요."

"그래, 이해가 된다니 나도 덩달아 기분이 좋구나."

"어, 그런데 왜 하필이면 공 모양으로 자는 거예요?"

"아, 그건 말이다. 입체도형은 매우 종류가 다양하겠지만 크게 기둥모양, 뿔 모양, 그리고 공 모양으로 나눌 수 있을 거야. 이 각각의 입체도형들을 모두 같은 부피로 만들고, 각 **도형들의 겉면적을 계산해 비교하면 바로 공 모양의 겉면적이 가장 작다**는 것을 알 수 있단다."

"그래서 동물들이 가능한 공처럼 몸을 둥글게 말고 자는 거예요?"

"아, 그래서 기린도 그렇게 목까지 접어 말고 자는 거였나?"

긍후와 후은은 불쌍하게만 보이던 기린에 대한 마음이 그제야 풀리는 듯했다.

"그런데, 여우나 기린은 둥글게 웅크리고 있는 자세를 불편하게 느낄까?"

"그게 무슨 말씀이세요?"

"넌, 정말 웅크리고 자는 게 너무 불편하니?"

"네?"

갑작스레 피에로 아저씨로부터 공격 아닌 공격을 받은 긍후는 깜짝 놀라 말을 잃었다.

"개구리 올챙이 적 생각 못한다고, 너희 엄마 배 속에 있을 때 어떤 모습으로 있었는지 기억할 수 없겠지? 두 다리를 접고 웅크린 자세, 그 자세가 바로 너희의 몸이 기억하는 자세란다."

피에로 아저씨의 설명에 긍후와 후은은 앨범에서 엄마 배 속에 있을 때 찍었던 사진이 한 장 있었음을 떠올리며 재빨리 앨범을 펼쳐 들었다. 둘은 엄마 자궁의 왼쪽과 오른쪽 벽에 각각 자리를 잡고 몸을 웅크리고 있었다.

"어, 진짜네! 완전 공처럼 몸을 똘똘 말았어."

"이야, 어떻게 이렇게 하고 열 달을 꼬박 있었담?"

둘은 머리로 기억하지 못하지만 몸이 기억하는 자세를 다시 한번 눈으로 확인하며 놀라움을 금치 못했다.

"근데, 어느 쪽이 오빠야? 여기 왼쪽이 좀 더 커 보이는데…… 왼쪽이 오빤가?"

얼굴도 확인할 수 없는 초음파 사진을 들여다보며 누가 누구인지 찾아내고야 말겠다는 모습에 피에로 아저씨는 그만 자리를 털고 일어서며 말했다.

"그럼, 난 먼저 일어날게. 이제 곧 어둠이 찾아올 테니 황금 별이나 따러 가 봐야겠다. 황금 별! 너희도 황금 별을 따면 갈 길이 보일 거야. 또 보자."

"네, 네. 황금 별 따 오세요."

긍후와 후은이 초음파 사진에 몰두하며 건성으로 대답하는 사이 피에로 아저씨는 어느새 종적을 감추었다. 뒤늦게 피에로 아저씨가 떠났다는 것을 깨달은 둘은 어둠이 성큼 가까이 다가오자 그제야 정신이 번쩍 들었다.

"아까 피에로 박사님이 뭐라고 하셨지? 어디로 오라고 말씀하신 것 같은데?"

"황금 별? 황금 별을 따 오라고 했나?"

"황금 별? 황금 별을 무슨 수로, 어디 가서? 별은 딸 수 있는 게 아니잖아."

그때 후은의 눈에 금빛 별이 반짝였다. 바로 초음파 사진 속에서 말이다.

"어, 오빠! 여기, 황금 별!"

후은은 별을 딴다는 말을 기억하며 한 치의 망설임도 없이 스티커를 초음파 사진에서 휙 떼어 냈다. 스티커가 붙어 있던 자리에는 '돌고래 쇼장'이라는 다섯 글자가 가지런히 적혀 있었다.

퀴즈 8

사막여우를 비롯한 항온동물이 몸을 축구공처럼 말고 잠을 자는 까닭은 무엇일까?

배고픔과 더위에 녹초가 된 긍후와 후은에게 제1 아프리카관에서 돌고래 쇼장까지의 600여 미터는 결코 짧은 거리가 아니었다. 다리가 무거워 한 걸음 한 걸음 내딛는 것도 힘겨울 정도였다.

시간이 얼마나 지났을까? 돌고래 쇼장에 도착했을 때는 이미 날이 저물어 있었다. 긴 시간 이글거리느라 힘들었을 태양을 대신해 가로등이 그 둘의 앞을 밝혀 줬다.

"오빠, 이제 돌고래 쇼장이야. 드디어 다 왔어."

"휴, 이게 마지막이었으면 좋겠다. 배도 너무 고프고……."

"엄마, 아빠도 보고 싶어."

둘은 힘 빠진 목소리로 작은 소망을 중얼거리며 돌고래 쇼장 안으로 들어섰다. 둘은 길을 따라 걸음을 옮기며 겨우 앞이 보이는 희미한 불빛과 무서울 정도로 고요한 분위기에 어깨를 잔뜩 움츠렸다.

"여기가 맞는 걸까? 이건 완전 문 닫은 건물에 몰래 들어온 것 같은 기분이잖아."

"아니, 분명히 그 황금 별 스티커 밑에 돌고래 쇼장이라고 적혀 있었는데……."

의심과 두려움이 스멀스멀 피어올라 걸음을 돌려 돌고래 쇼장 밖으로 줄달음질하려는 찰나, 팡! 팡! 요란한 폭죽 소리와 함께 일제히 켜진 눈부신 조명이 발을 얼어붙게 만들었다.

"빰 빰빰 빰빰빰빰! 축하합니다. 축하합니다. 당신의 생일을 축하합니다. 축하합니다. 축하합니다. 당신의 생일을 축하합니다."

요란한 팡파르와 함께 노래가 흘러나오고 저만치에서 하얗고 커다란 2층 케이크를 마주 든 엄마, 아빠가 둘을 향해 걸어오고 있었다. 순백의 케이크 위에는 모두 열한 개의 촛불이 엄마, 아빠의 걸음걸이에 맞춰 아름답게 춤을 추고 있었다.

"엄마!"

"아빠!"

"궁후야, 후은아! 너희 둘의 생일을 정말 축하한다!"

"짝짝짝짝짝짝!"

넓은 돌고래 쇼장을 꽉 채울 만큼 큰 박수 소리에 깜짝 놀라 주위

를 둘러보니, 언제 온 것인지 많은 사람이 그 둘의 생일을 축하해 주고 있었다.

정신없이 시작된 하루, 꼬리에 꼬리를 물고 이어지는 게임에 궁후와 후은은 오늘이 생일임을 까마득히 잊고 있었다. 엄마, 아빠를 다시 만나 기쁘고 안도하는 마음과 뜻밖의 생일 파티에 놀란 마음이 뒤엉켜 두 볼을 타고 흐르는 눈물을 감출 길이 없었다.

"후은아, 생일 축하해. 오늘이 우리 생일이었나 봐!"

"흑흑, 그러게 오빠. 잊지 못할 생일이 될 것 같아. 오빠도 생일 축하해!"

오늘 하루가 얼마나 길고 고된 하루였는지를 서로 잘 알고 있는 둘은 꼭 끌어안고 등을 토닥여 주었다.

그때였다.

"빰 빰빰 빰빰빰빰! 축하합니다. 축하합니다. 당신의 입회를 축하합니다. 축하합니다. 축하합니다. 당신의 입회를 축하합니다."

이제 겨우 마음을 놓고 생일의 기쁨을 누리려는데 두 번째 팡파르가 터지며 눈앞에 피에로 아저씨, 아니 박사님이 나타났다.

"궁후야, 후은아! 오늘 오전 가금사 앞에서 탐구심과 호기심으로 반짝이는 모습을 본 순간, 너희들이 오늘의 미션을 잘 마치고 이곳까지 무사히 도착하리라는 것을 이미 알고 있었단다. 너희는 우리 '도비회'의 회원이 될 자격이 충분해."

"도비? 해리포터에 나오는 그 꼬마 집요정 도비?"

"킥킥, 그러게. 도비회가 뭐야?"

피에로 박사님은 둘의 속삭임을 들었는지 목청을 가다듬으며 큰 소리로 말을 이었다.

"흠흠. 여기 계신 '도형의 비밀 협회' 여러분! 오늘 이 자리의 주인공, 열한 살 생일을 맞아 입회 미션을 완벽하게 통과한 손궁후 군과 손후은 양의 입회를 승인하는 바입니다. 두 사람의 입회를 축하하며 본 협회의 배지를 둘의 가슴에 달아 주도록 하겠습니다."

'도형의 비밀 협회' 회원임을 상징하는 황금 별 모양의 배지가 궁후와 후은의 가슴에서 반짝였다.

"와! 짝짝짝짝짝."

"자, 이제 회원님들 모두 가까이 내려오셔서 우리 신입 회원을 환영해 주시기 바랍니다."

피에로 박사님의 말씀이 끝나자 먼발치에서 박수를 보내던 사람들이 우르르 두 사람 곁으로 모여들었다.

"어, 고 쌤!"

"팀장님?"

"스낵 코너 점장님도 계셔!"

"아기 동물들 있던 곳에서 만난 사육사님도!"

궁후와 후은은 반가움에 기뻐 소리쳤다. 가금사 앞에서 만났던 피

에로 박사님부터 인공 포육장의 사육사님, 스낵 코너의 점장님, 가채 행사장의 팀장님, 연구실의 고 쌤까지! 오늘 동물원 곳곳에서 만났던 사람들이 모두 도비회의 회원들이었다니 신기했다. 한편으로는 모두 다 결과를 알고 있는 게임에 궁후와 후은, 둘만 몰래카메라 대상이 되었던 것 같아 좀 떨떠름하기도 했다. 하지만 그래도 다행인 것은 오늘 동물원에서 있었던 미션을 모두 통과해 엄마, 아빠도 다시 만나고 자랑스러운 도비회의 회원이 되었다는 사실이었다.

"축하한다. 궁후, 후은!"

모두의 축하를 받으며 기뻐하고 있는 둘에게 검은 그림자가 달라붙으며 말했다.

"누구…… 아, 아까 그 가이드 아저씨?"

"에이, 섭섭한데?"

남자는 선글라스를 벗으며 고개를 들이밀었다.

"어, 아저씨!"

"어쩐지 어디서 많이 듣던 목소리인데 했어요."

선글라스의 주인공은 아빠의 죽마고우로 어릴 적부터 자주 만나던 사이었다.

"너희들의 이름에 숨겨진 비밀을 알고 있니?"

"이름에 숨겨진 비밀이라니요?"

"하하, 이 아저씨가 너희 둘의 이름을 지어주셨거든. 이름만으로도 너희가 쌍둥이라는 것을 알 수 있도록 말이다."

아빠가 아저씨의 말을 거들며 빙그레 미소를 지으셨다.

"이름만으로도 쌍둥이인걸 알 수 있다고요? 설마요. 이름이 같은 것도 아닌데……."

"아니야, 이름이 ★기하학적으로 정확히 같지!"

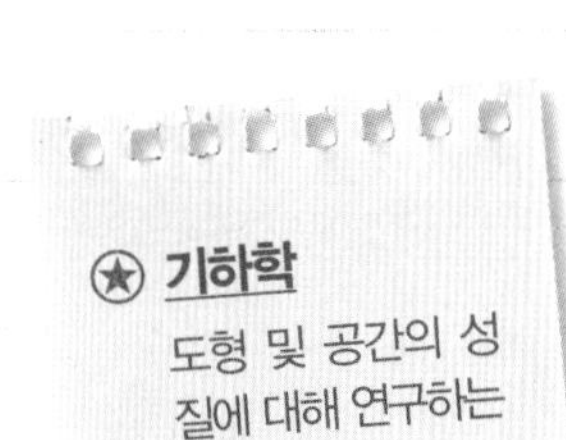

★ **기하학**
도형 및 공간의 성질에 대해 연구하는 학문.

"네?"

"자, 여기 궁후 네 이름을 써 보자."

궁후 옆에 바짝 붙어 선 아저씨는 수첩을 꺼내더니 궁후라고 적었다.

"어, 이건 제 이름인데요?"

아저씨의 맞은편에 서 있던 후은이 수첩에 적힌 글씨를 보고 말했다.

"맞아."

"네? 아니에요. 제 이름 맞는데……."

긍후도 놀라 수첩에 적힌 글씨를 다시 한번 확인하며 말했다.

"맞아, 이건 긍후이면서 후은이지."

"네?"

깜짝 놀라는 궁후와 후은에게 마법과 같은 일이 일어났다. 아저씨가 수첩을 반 바퀴 돌려 드는 순간 궁후가 보고 있는 수첩에 적힌 글씨는 '후은'으로, 후은이 보고 있는 수첩에 적힌 글씨는 '궁후'로 변했기 때문이다.

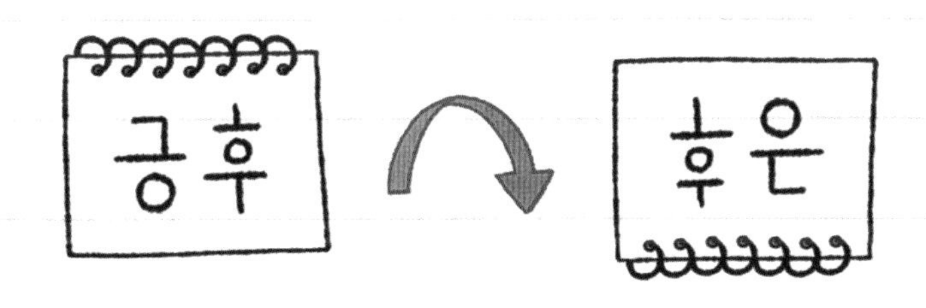

"아!"

둘은 말을 잇지 못하고 외마디 탄성만 뱉어 냈다.

"너무 놀라지 말라고. 이제부터 너희가 발견해야 할 어마어마한 도형의 비밀들이 이 세상 곳곳에 숨어 있을 테니까!"

"자, 다들 시장하실 텐데 이제 만찬을 먹으러 갑시다."

궁후와 후은은 세상 속 도형의 비밀들을 찾아 자랑스러운 도비회 일원으로 성장하겠다고 다짐하며 엄마, 아빠와 함께 씩씩하게 걸음을 옮겼다.

동물에 숨은 도형 퀴즈 정답

★ 퀴즈 1 ★

삼각형

★ 퀴즈 2 ★

가시두더지, 오리너구리

★ 퀴즈 3 ★

무한개

★ 퀴즈 4 ★

정삼각형, 정사각형, 정육각형

✸ 퀴즈 5 ✸

공기나 물의 저항을 가급적 줄여
빠르게 이동할 수 있도록 하기 위함이다.

✸ 퀴즈 6 ✸

답은 34. 왜냐하면 13+21=34로 앞 두 수의 합이
다음 수가 되는 규칙에 따르기 때문이다.

✸ 퀴즈 7 ✸

사각기둥, 삼각기둥보다 원기둥의 밑면 넓이가
가장 넓기 때문이다.

✸ 퀴즈 8 ✸

몸의 표면적을 줄여 체온이 빠져나가는 것을
최소화하기 위해서이다.

융합인재교육(STEAM)이란?

수학·과학 교육의 새로운 패러다임

"지구는 둥근 모양이야!"라고 말한다면 배운 것을 잘 이야기할 수 있는 학생입니다.

"지구가 둥글다는 것을 어떻게 알게 되었나요?"라고 질문한다면, 그리고 그 답을 스스로 생각해 보고 궁금증에 대한 흥미를 느낀다면 생활 주변에서 배우고 성장할 수 있는 학생입니다.

미래 사회는 감성과 창의성으로 학문의 경계를 넘나드는 융합형 인재를 필요로 합니다. 단순히 지식을 주입하는 데 그치지 않고 '왜?'라고 스스로 묻고 찾아볼 수 있어야 합니다.

미국, 영국, 일본, 핀란드를 비롯해 여러 선진국에서 수학과 과학의 융합 교육에 힘쓰고 있습니다. 우리나라에서도 창의 융합형 과학기술 인재 양성을 위해 교육부에서 융합인재교육(STEAM) 정책을 추진하고 있습니다.

융합인재교육은 과학(Science), 기술(Technology), 공학(Engineering), 예술(Arts), 수학(Mathematics)을 실생활에서 자연스럽게 융합하도록 가르칩니다.

〈수학으로 통하는 과학〉 시리즈는 융합인재교육 정책에 맞춰, 학생들이 수학과 과학에 대해 흥미를 갖고 능동적으로 참여하며 스스로 문제를 정의하고 해결할 수 있도록 도와주고 있습니다.

스스로 깨치는 교육! 수학과 과학에 대한 흥미와 이해를 높여 예술 등 타 분야와 연계하고, 이를 실생활에서 직접 활용할 수 있도록 하는 것이 진정으로 살아 있는 교육일 것입니다.

12 수학으로 통하는 과학

동물에 숨은 도형을 찾아서

초판 1쇄 발행일 2018년 6월 29일
초판 2쇄 발행일 2022년 12월 1일

지은이 과학주머니 전영석 · 박옥길
그린이 조은혜
펴낸이 정은영

펴낸곳 |주|자음과모음
출판등록 2001년 11월 28일 제2001-000259호
주소 10881 경기도 파주시 회동길 325-20
전화 편집부 (02)324-2347, 경영지원부 (02)325-6047
팩스 편집부 (02)324-2348, 경영지원부 (02)2648-1311
이메일 jamoteen@jamobook.com
블로그 blog.naver.com/jamogenius

ISBN 978-89-544-3882-7(44400)
978-89-544-2826-2(set)

이 도서의 국립중앙도서관 출판시도서목록(CIP)은 서지정보유통지원시스템
홈페이지(http://seoji.nl.go.kr)와 국가자료공동목록시스템(http://www.nl.go.kr/kolisnet)에서
이용하실 수 있습니다.(CIP제어번호: CIP2018017776)